Wissenschaftliche Taschenbücher

WTB

Mathematik · Physik

John Cunningham

Vektoren

Akademie-Verlag · Berlin
Pergamon Press · Oxford
Vieweg + Sohn · Braunschweig

WTB Wissenschaftliche Taschenbücher

ROLF BORSDORF / MANFRED SCHOLZ
Spektroskopische Methoden in der organischen Chemie

WERNER HABERDITZL
Magnetochemie

GERHARD HEBER
Mathematische Hilfsmittel der Physik, Teil I und II

A. A. SOKOLOW
Elementarteilchen

HEINZ AHRENS
Varianzanalyse

HANS-JÜRGEN TREDER
Relativität und Kosmos
Raum und Zeit in der Physik, Astronomie und Kosmologie

ALBERT EINSTEIN
Grundzüge der Relativitätstheorie

ALBERT EINSTEIN
Über die spezielle und die allgemeine Relativitätstheorie

GÜNTHER LUDWIG
Wellenmechanik. Einführung und Originaltexte

HARRY PAUL
Lasertheorie, Teil I und II

FRANZ RUDOLF KESSLER
Einführung in die physikalischen Grundlagen der Kernenergiegewinnung

EBERHARD HOFMANN
Eiweiße und Nucleinsäuren als biologische Makromoleküle
Dynamische Biochemie, Teil I

EBERHARD TEUSCHER
Pharmakognosie, Teil I und II

D. TER HAAR
Quantentheorie. Einführung und Originaltexte

J. H. SANDERS
Die Lichtgeschwindigkeit. Einführung und Originaltexte

JEAN KUNTZMANN
Unendliche Reihen
Mathematische Hilfsmittel der
Physik und Chemie
Mit 94 Übungen und 29 Aufgaben

JEAN KUNTZMANN
Systeme von Differentialgleichungen
Mathematische Hilfsmittel der Physik und Chemie
Mit 88 Übungen und 40 Aufgaben

JEAN KUNTZMANN
Komplexe Veränderliche
Mathematische Hilfsmittel der Physik und Chemie
Mit 90 Übungen und 37 Aufgaben

FERDINAND CAP
Einführung in die Plasmaphysik
I. Theoretische Grundlagen
— insgesamt 3 Bände —

J. A. ROSANOW
Wahrscheinlichkeitstheorie

HARRY PFEIFER
Theorie linearer Bauelemente
Elektronik für den Physiker I

HARRY PFEIFER
Die Elektronenröhre
Elektronik für den Physiker II

HARRY PFEIFER
Schaltungen mit Elektronenröhren
Elektronik für den Physiker III

HARRY PFEIFER
Leitungen und Antennen
Elektronik für den Physiker IV

HARRY PFEIFER
Mikrowellenelektronik
Elektronik für den Physiker V

HARRY PFEIFER
Halbleiterelektronik
Elektronik für den Physiker VI

SIEGFRIED HAUPTMANN
Über den Ablauf organisch-chemischer Reaktionen

GERHARD HÜBNER / KLAUS JUNG / ECKART WINKLER
Die Rolle des Wassers in biologischen Systemen

STEPHEN G. BRUSH
Kinetische Theorie, Teil I und II

EBERHARD HOFMANN
Enzyme und energieliefernde Stoffwechselreaktionen
Dynamische Biochemie, Teil II

HERBERT GOERING
Elementare Methoden zur Lösung von Differentialgleichungsproblemen

PETER KRUMBIEGEL
Isotopieeffekte

D. M. BRINK
Kernkräfte. Einführung und Originaltexte

DIETER ONKEN
Steroide
Zur Chemie und Anwendung

HEINZ GEILER
Ökologie der Land- und Süßwassertiere

ARTHUR P. CRACKNELL
Angewandte Gruppentheorie. Einführung und Originaltexte

DIETER KLAUA
Elementare Axiome der Mengenlehre

EBERHARD HOFMANN
Intermediärstoffwechsel
Dynamische Biochemie, Teil III

GÜNTER TEMBROCK
Grundlagen der Tierpsychologie

J. F. VINSON
Optische Kohärenz
in der klassischen Theorie und in der Quantentheorie

W. R. HINDMARSH
Atomspektren, Einführung und Originaltexte

GÜNTER TEMBROCK
Biokommunikation
Informationsübertragung im biologischen Bereich
Teil I und II

ADOLF ZSCHUNKE
Kernmagnetische Resonanzspektroskopie
in der organischen Chemie

DIETER MERKEL
Riechstoffe

JOHN CUNNINGHAM
Vektoren

Vorschau auf die nächsten Bände:

FERDINAND CAP
Einführung in die Plasmaphysik
III. Magnetohydrodynamik

EBERHARD HOFMANN
Grundlagen der Molekularbiologie
und Regulation des Zellstoffwechsels
Dynamische Biochemie, Teil IV

GEORG DAUTCOURT
Relativistische Astrophysik

WTB

BAND 89

John Cunningham

VEKTOREN

Mit 45 Abbildungen

AKADEMIE-VERLAG · BERLIN

PERGAMON PRESS · OXFORD

VIEWEG + SOHN · BRAUNSCHWEIG

Reihe MATHEMATIK UND PHYSIK

Verantwortlicher Herausgeber dieses Bandes und Bearbeiter der deutschen Ausgabe:
Prof. Dr. rer. nat. habil. G. Heber

Übersetzung aus dem Englischen:
Dr. Eberhard Jäger

Titel der Originalausgabe:
John Cunningham
VECTORS

1972

Lizenznummer: 202 · 100/586/72
Herstellung: VEB Druckhaus „Maxim Gorki", 74 Altenburg
Bestellnummer: Akademie-Verlag 761 492 3 (7089)
Pergamon Press 08 017599 5
Vieweg + Sohn 6089
Printed in German Democratic Republic

Vorwort

Mit diesem Buch stellt sich der Autor das Ziel, einen vollständigen Lehrgang in Vektoralgebra und Vektoranalysis für Studenten der Mathematik und der Naturwissenschaften an Technischen Hochschulen und Universitäten zur Verfügung zu stellen. Ein großer Teil des hier dargelegten Materials könnte in einer ersten Vorlesungsreihe im Grundstudium an einer Universität gebracht werden, es ist allerdings üblicher, den Stoff auf eine erste Vorlesung (Algebra, Kapitel 1—7) und eine zweite Vorlesung (Vektoranalysis, Kapitel 8—9) aufzuteilen. Der Autor hat versucht, nicht nur einen Abriß der wesentlichen mathematischen Theorie, sondern auch Hinweise auf ihre Bedeutung in einer Vielzahl von physikalischen Situationen zu geben, denn in der Tat wurde ein Großteil der Hilfsmittel der Vektoranalysis im Zusammenhang mit speziellen physikalischen Problemen theoretisch entwickelt. Zahlreiche Anwendungsbeispiele für die Vektormethoden sind über das ganze Buch verteilt, und an das Ende eines jeden Kapitels wurde vom Autor eine Reihe von Aufgaben (mit Lösungen) angefügt, mit deren Hilfe der Leser in die Lage versetzt werden soll, die während des Lesens erworbenen Kenntnisse zu überprüfen und weiter auszubauen.

Der Autor glaubt, daß eine frühzeitige Einführung der Indexschreibweise und der Summenkonvention für viele Studenten nützlich ist, und der Leser kann, wenn er das wünscht, eine solche Einführung in diesem Buch finden.

Die Entwicklung des Stoffes in diesem Lehrbuch ist jedoch nicht auf Tensormethoden angewiesen, und die Abschnitte, in denen solche Methoden behandelt werden, sind durch einen Stern gekennzeichnet und können bei der ersten Durchsicht übergangen werden.

Bangor J. C.

Danksagungen

Der Autor ist mehreren seiner Kollegen vom University College of North Wales, Bangor (den Herren Dr. K. R. Frater, Dr. L. R. T. Gardner, Dr. A. Hare und Dr. J. B. Hughes) für Diskussionen zu dem Thema zu Dank verpflichtet, wie man Vektormethoden in der Mechanik im ersten Studienjahr lehrt. Der Autor möchte auch seine große Dankbarkeit gegenüber seinen Lehrern an der University of Edinburgh, speziell Herrn A. Nisbet und Dr. R. Schlapp, und gegenüber den Autoren verschiedener Lehrbücher über Vektoranalysis, im besonderen Dr. C. E. Weatherburn (Elementary and Advanced Vector Analysis, Bell) ausdrücken.

Bangor J. C.

Inhaltsverzeichnis

1. Vektoralgebra 7

1.1. Das Dreiecksgesetz 7
1.2. Lineare Abhängigkeit 14
1.3. Mittelpunktsvektoren 20
1.4. Basisvektoren 22

2. Differentiation 28

2.1. Ableitungen 28
2.2. NEWTONS Bewegungsgesetze 34

3. Skalarprodukte 43

3.1. Das innere Produkt 43
3.2. Änderung der Vektorbasis 47

4. Vektorprodukte 56

4.1. Das Kreuzprodukt 56
4.2. Mehrfache Produkte 63
4.3. Skalare Dreifachprodukte 65
4.4. Vektorielle Dreifachprodukte 69
4.5. Isotrope Tensoren dritter Stufe 72

5. Vektorgleichungen 81

5.1. Beispiele 81
5.2. Die KEPLERschen Bahnen 85
5.3. Die Formeln von FRENET-SERRET 88

6. Verschiebungen starrer Körper 96

6.1. Der Satz von EULER 96
6.2. Infinitesimale Rotationen 98
6.3. Schraubenförmige Verschiebungen 100

6.4. Verdrehungen 103
6.5. Endliche Rotationen 105
6.6. Quaternionen 109

7. Deformationen 118

7.1. Verschiebungen eines deformierbaren Körpers 118
7.2. Die Hauptdehnungen 125
7.3. Beispiele von Verzerrungen 133

8. Der Gradientenoperator 136

8.1. Richtungsableitungen 136
8.2. Orthogonale krummlinige Koordinaten 143
8.3. Divergenz eines Vektorfeldes 148
8.4. Rotation eines Vektorfeldes 151
8.5. Indexschreibweise 157

9. Integration 164

9.1. Kurvenintegrale 164
9.2. Konservative Felder 169
9.3. Die Bedingung rot $\boldsymbol{F} = 0$ 172
9.4. Konservative Kräfte 174
9.5. Oberflächenintegrale 178
9.6. Zusammenhang zwischen Kurven- und Oberflächenintegralen 183
9.7. Volumenintegrale 189
9.8. Zusammenhang zwischen Oberflächen- und Volumenintegralen 190
9.9. DIRACsche Delta-Funktion 197
9.10. Satz von GREEN 200

Sachverzeichnis 209

1. Vektoralgebra

1.1. Das Dreiecksgesetz

In der physikalischen Welt gibt es viele Größen, die man durch eine einzige reelle Zahl charakterisieren kann: Solche Größen werden *skalare Größen* oder einfach *Skalare* genannt. Beispiele von Skalaren sind Abstand, Volumen, Masse usw. Wir werden die Buchstaben a, b usw. benutzen, um Skalare zu kennzeichnen.

Zahlreiche andere physikalische Größen erfordern zu ihrer genauen Definition mehrere Skalare; zu diesen Größen gehören Verschiebung, Geschwindigkeit, Kraft, Impuls usw. Die genannten und viele andere Größen, von denen der Leser einige in dem Buch kennenlernen wird, haben gemeinsame Eigenschaften, die uns zu der Definition der sogenannten Vektorgrößen führen werden; solche Größen sind begrifflich etwas schwieriger als die Skalare.

Bevor wir zu der Definition einer Vektorgröße kommen, wollen wir uns die Eigenschaften einer linearen Verschiebung ins Gedächtnis zurückrufen. Wir wollen die Verschiebung des Punktes O in einen Punkt A der Strecke OA betrachten; das kann man in einer Abbildung durch eine gerichtete Linie darstellen (Abb. 1). Wir werden die

Abb. 1

gerichtete Strecke OA durch $\overrightarrow{OA}$ kennzeichnen. Die Verschiebung ist eindeutig gegeben durch einen Skalar r, die Länge von $\overrightarrow{OA}$, und durch die Richtung von $\overrightarrow{OA}$. Richtungen können auf unterschiedliche Weise bestimmt werden, aber alle Methoden zur Bestimmung setzen die Einführung eines *Bezugssystems* voraus. Ein übliches Bezugssystem besteht aus einer Triade von zueinander orthogonalen (senkrechten) gerichteten Strecken $\overrightarrow{OX}, \overrightarrow{OY}$, $\overrightarrow{OZ}$ (Abb. 2), die rechtwinklige kartesische Koordinatenachsen genannt werden. In einem solchen Schema könnte die Richtung von $\overrightarrow{OA}$ durch zwei Skalare wie die Winkel θ und φ bestimmt werden.

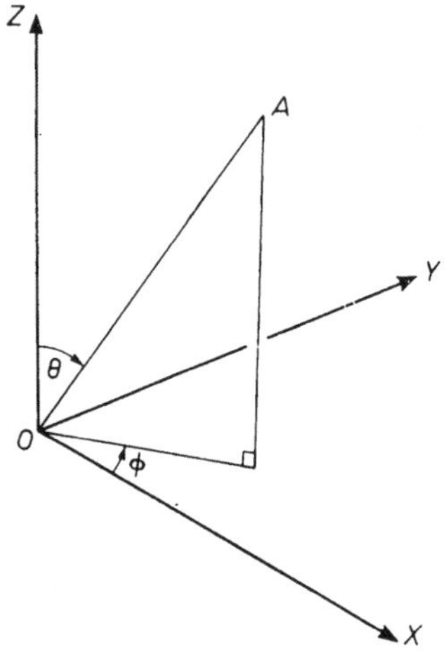

Abb. 2

Wir werden nun aufeinanderfolgende Verschiebungen betrachten. Aus Abb. 3 wird klar, daß die durch $\overrightarrow{OA}$ dargestellte Verschiebung, gefolgt von der durch $\overrightarrow{AB}$ dargestellten, äquivalent einer einzigen Verschiebung ist, die durch die gerichtete Strecke $\overrightarrow{OB}$ dargestellt wird. Dieses Gesetz für die Kombination von Verschiebungen wird *Dreiecksgesetz* der Addition genannt.

Eine *Vektorgröße* oder einfach ein *Vektor* ist definiert als eine Größe, die bestimmt ist durch einen Skalar (ge-

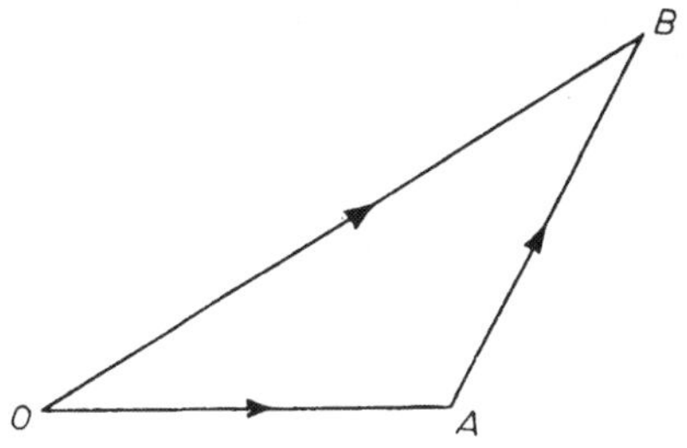

Abb. 3

nannt der *Betrag* des Vektors) und eine Richtung, die man mit anderen Vektoren nach dem Dreiecksgesetz der Addition kombinieren kann. Weil gerichtete Strecken selbst Vektoren sind, können sie benutzt werden, um andere Vektoren zeichnerisch darzustellen, so wie wir es gerade bei der Diskussion der linearen Verschiebungen getan haben. Wir werden Vektoren durch Pfeile darstellen, die Längen entsprechen den Beträgen der Vektoren, die Richtung ist durch den Pfeil gekennzeichnet. Wir werden im allgemeinen Vektorgrößen durch folgende Buchstaben kennzeichnen: $\boldsymbol{a}$, $\boldsymbol{b}$ usw. Der Betrag eines Vektors $\boldsymbol{a}$ wird durch $|\boldsymbol{a}|$ oder einfach durch a bezeichnet.

Zwei Vektoren $\boldsymbol{a}$ und $\boldsymbol{b}$ werden als *gleich* bezeichnet, wenn $\boldsymbol{a}$ und $\boldsymbol{b}$ gleiche Beträge, d. h. $a = b$, und gleiche Richtung haben. Wir werden das Gleichheitszeichen wie in der Algebra der Skalare benutzen. Die in Abb. 4 gezeichneten Vektoren $\boldsymbol{a}$ und $\boldsymbol{b}$ sind dargestellt durch paral-

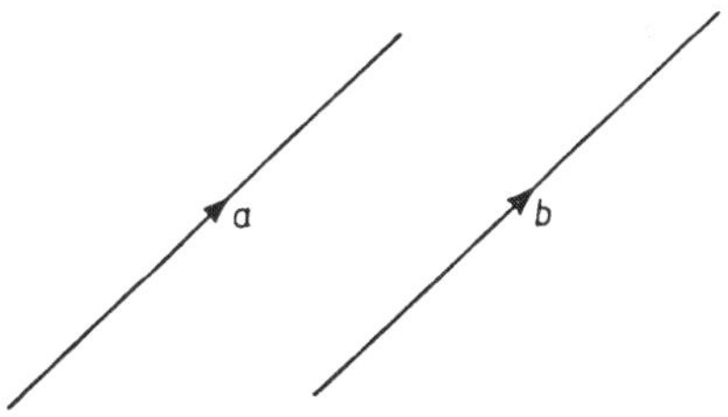

Abb. 4

lele Strecken von gleicher Länge, sie sind im Sinne der obigen Definition gleich. Wir schreiben

$$\boldsymbol{a} = \boldsymbol{b}. \tag{1}$$

Die *Vektorsumme* oder einfach die *Summe* von zwei Vektoren $\boldsymbol{a}$ und $\boldsymbol{b}$ ist definiert als Vektor $\boldsymbol{c}$, der durch das Dreiecksgesetz der Addition gegeben ist. Wir werden das Pluszeichen der gewöhnlichen Algebra benutzen, um

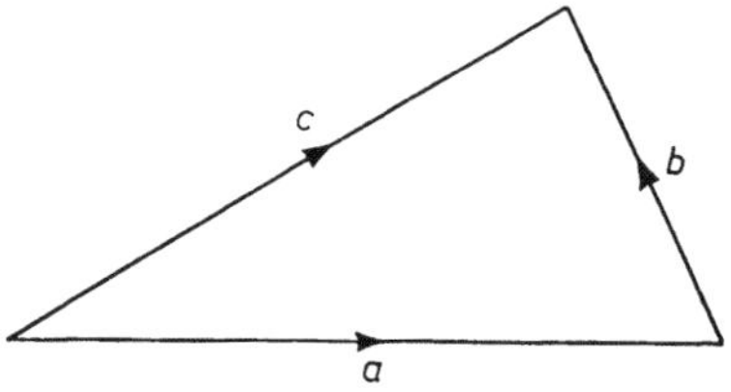

Abb. 5

solche Summen zu kennzeichnen. Für die in Abb. 5 dargestellten Vektoren schreiben wir

$$\boldsymbol{a} + \boldsymbol{b} = \boldsymbol{c}. \tag{2}$$

Aus Abb. 6 wird klar, daß eine Folgerung aus der Definition der Gleichheit ist: Das Dreiecksgesetz der Addition ist äquivalent einem *Parallelogrammgesetz* der Addition.

Es ist manchmal notwendig, den Anfangspunkt eines Vektors festzulegen; unter solchen Umständen sprechen

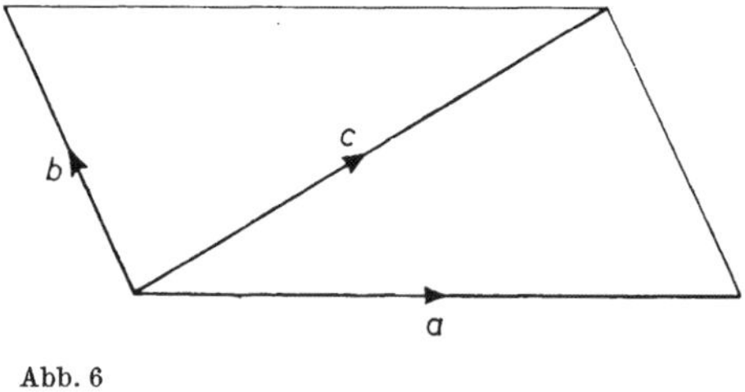

Abb. 6

wir von *lokalisierten Vektoren*, um sie von den (*freien*) Vektoren, wie sie in dem letzten Abschnitt diskutiert wurden, unterscheiden zu können. Ein wichtiges Beispiel für einen lokalisierten Vektor ist der sogenannte *Ortsvektor* eines Punktes. Der Ortsvektor des Punktes P bezüglich eines Ursprungs O ist der lokalisierte Vektor $\boldsymbol{r} = \overrightarrow{OP}$ von O nach P.

Normalerweise meinen wir „freie Vektoren" (gleich im Sinne der Gleichung (1)), wenn wir von „Vektoren" sprechen. Die Adjektive „frei" und „lokalisiert" werden selten benutzt, weil es normalerweise aus dem Zusammenhang klar hervorgeht, ob ein Vektor als lokalisiert oder nicht lokalisiert zu betrachten ist.

Der *Nullvektor* $\mathbf{0}$ ist wie folgt definiert

$$\boldsymbol{x} + \mathbf{0} = \boldsymbol{x} \tag{3}$$

für jeden beliebigen Vektor $\boldsymbol{x}$. Der Nullvektor hat keine definierte Richtung.

Der Vektor $-\boldsymbol{x}$ ist definiert durch die Gleichung

$$\boldsymbol{x} + (-\boldsymbol{x}) = \mathbf{0}. \tag{4}$$

In Gleichung (4) wird festgestellt, daß $-\boldsymbol{x}$ ein Vektor ist, der den gleichen Betrag wie $\boldsymbol{x}$, aber entgegengesetzte Richtung hat.

Die *Differenz* $\boldsymbol{a} - \boldsymbol{b}$ von zwei Vektoren $\boldsymbol{a}$ und $\boldsymbol{b}$ ist definiert durch die Gleichung

$$\boldsymbol{a} - \boldsymbol{b} = \boldsymbol{a} + (-\boldsymbol{b}), \tag{5}$$

und der Prozeß der *Subtraktion* ist in Abb. 7 dargestellt.

Die Vektoraddition ist *kommutativ*, d. h., für zwei beliebige Vektoren $\boldsymbol{a}$ und $\boldsymbol{b}$ gilt

$$\boldsymbol{a} + \boldsymbol{b} = \boldsymbol{b} + \boldsymbol{a}. \tag{6}$$

Gleichung (6) wird durch Abb. 8 bewiesen.

Die Vektoraddition ist *assoziativ*, d. h., für drei beliebige

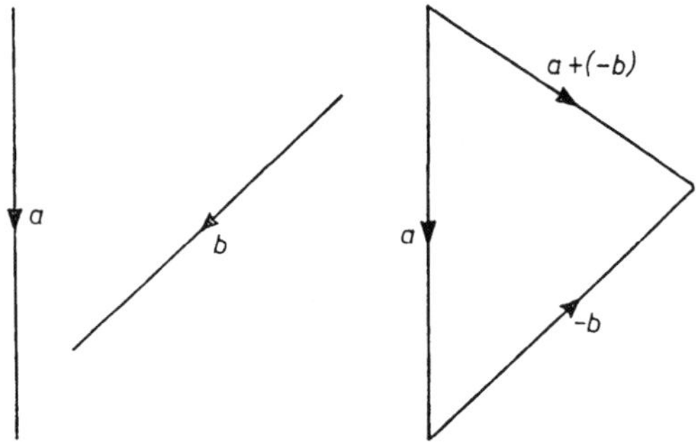

Abb. 7

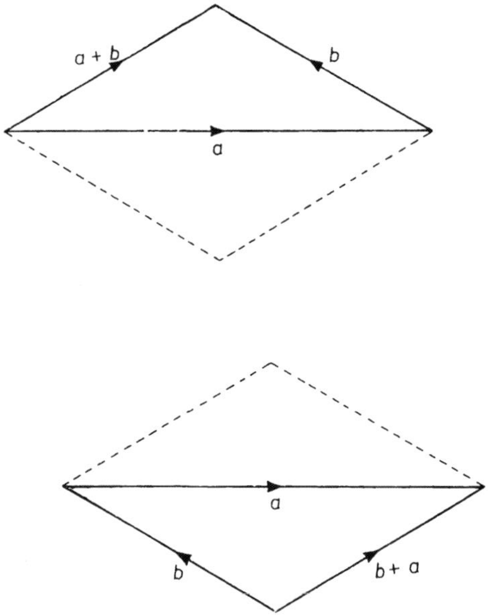

Abb. 8

Vektoren $\boldsymbol{a}$, $\boldsymbol{b}$ und $\boldsymbol{c}$ gilt

$$(\boldsymbol{a} + \boldsymbol{b}) + \boldsymbol{c} = \boldsymbol{a} + (\boldsymbol{b} + \boldsymbol{c}). \tag{7}$$

Dieses Ergebnis ist eine Folgerung aus der Darstellung von Abb. 9. Es muß aber betont werden, daß Abb. 9 im allgemeinen eine dreidimensionale Figur (ein Tetraeder) darstellt.

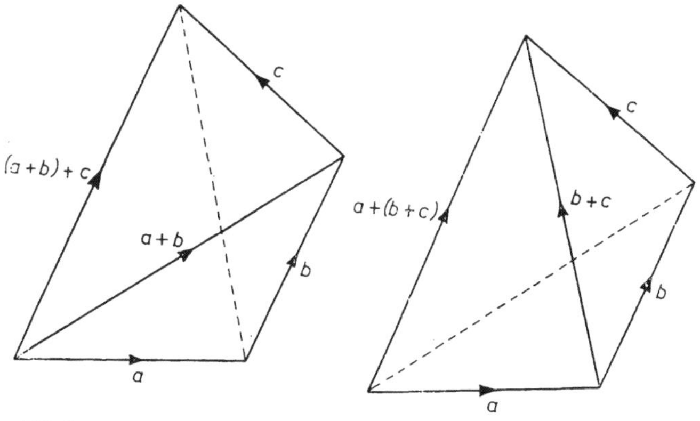

Abb. 9

Die Assoziativeigenschaft (7) kann auf Summen beliebig vieler Vektoren ausgedehnt werden, und Vektorsummen können eindeutig ohne Klammern geschrieben werden.

Der Vektor $\lambda\boldsymbol{a}$, wobei λ ein positiver Skalar ist, ist definiert als ein Vektor mit dem Betrag $\lambda|\boldsymbol{a}|$ und der gleichen Richtung wie $\boldsymbol{a}$. Wenn λ eine negative Zahl ist, ist $\lambda\boldsymbol{a}$ ein Vektor mit dem Betrag $-\lambda|\boldsymbol{a}|$ und der entgegengesetzten Richtung von $\boldsymbol{a}$. Die Multiplikation mit Null ist gleich dem Nullvektor. Solche Multiplikationen genügen offenbar den folgenden Gesetzen (*Distributivgesetze*)

$$\lambda(\mu\boldsymbol{a}) = \mu(\lambda\boldsymbol{a}) = (\lambda\mu)\,\boldsymbol{a} = \lambda\mu\boldsymbol{a}, \tag{8}$$

$$(\lambda + \mu)\boldsymbol{a} = \lambda\boldsymbol{a} + \mu\boldsymbol{a}. \tag{9}$$

wobei λ und μ beliebige Skalare sind und $\boldsymbol{a}$ irgendein Vektor ist. Wenn weiterhin $\boldsymbol{a}$ und $\boldsymbol{b}$ zwei beliebige Vektoren sind und λ ein beliebiger Skalar, dann ist

$$\lambda(\boldsymbol{a} + \boldsymbol{b}) = \lambda\boldsymbol{a} + \lambda\boldsymbol{b}. \tag{10}$$

Der Leser kann sich selbst von der Richtigkeit der Gleichung (10) überzeugen, indem er jede Seite der Gleichung (10) explizit konstruiert und die Eigenschaften von ähnlichen Dreiecken benutzt.

1.2. Lineare Abhängigkeit

Eine Menge von n Vektoren $\boldsymbol{x}_1, \boldsymbol{x}_2, \ldots, \boldsymbol{x}_n$ heißt *linear abhängig*, wenn n Skalare $c_1, c_2, \ldots, c_n$ existieren, die nicht alle verschwinden, so daß

$$c_1\boldsymbol{x}_1 + c_2\boldsymbol{x}_2 + \cdots + c_n\boldsymbol{x}_n = \boldsymbol{0} \tag{11}$$

gilt.

Die Menge wird als *linear unabhängig* bezeichnet, wenn Gleichung (11) nur für alle $c_i = 0$ für $i = 1, 2, \ldots, n$ gilt.

Beispiel 1. Ein einzelner Vektor ist dann und nur dann linear unabhängig, wenn er Null ist.

Das ist fast trivial. Die Gleichung

$$c\boldsymbol{x} = \boldsymbol{0}$$

mit nicht verschwindendem c kann nur erfüllt werden, wenn $\boldsymbol{x} = \boldsymbol{0}$ ist. Wenn umgekehrt $\boldsymbol{x} = \boldsymbol{0}$ ist, dann kann die Gleichung immer mit $c \neq 0$ erfüllt werden.

Beispiel 2. Vorausgesetzt, n Vektoren $\boldsymbol{x}_1, \boldsymbol{x}_2, \ldots, \boldsymbol{x}_n$ sind linear abhängig, so zeige, daß auch die Vektoren $\boldsymbol{x}_1, \boldsymbol{x}_2, \ldots, \boldsymbol{x}_n, \boldsymbol{x}_{n+1}$ linear abhängig sind, wobei $\boldsymbol{x}_{n+1}$ ein beliebiger Vektor ist.

Wir nehmen an, daß Gleichung (11) erfüllt ist, wobei nicht alle c_i $(i = 1, 2, \ldots, n)$ verschwinden. Wenn wir $c_{n+1}\boldsymbol{x}_{n+1}$ $(c_{n+1} = 0)$ zur Gleichung (11) addieren, erhalten wir

$$c_1\boldsymbol{x}_1 + c_2\boldsymbol{x}_2 + \cdots + c_n\boldsymbol{x}_n + c_{n+1}\boldsymbol{x}_{n+1} = \boldsymbol{0},$$

wobei nicht alle c_i $(i = 1, 2, \ldots, n, n+1)$ verschwinden.

Wir wollen nun mit Hilfe der Geometrie die Bedeutung unserer Definitionen der linearen Abhängigkeit und Unabhängigkeit betrachten.

Beispiel 3. Zwei Vektoren sind dann und nur dann linear abhängig, wenn sie durch zwei kollineare gerichtete Linien dargestellt werden können.

Wenn

$$c_1\boldsymbol{x}_1 + c_2\boldsymbol{x}_2 = \boldsymbol{0}$$

mit, sagen wir, $c_1 \neq 0$ ist, dann ist klar, daß $\boldsymbol{x}_1$ und $\boldsymbol{x}_2$ in einer Dimension dargestellt werden können, weil

$$\boldsymbol{x}_1 = \lambda\boldsymbol{x}_2, \quad \lambda = -c_2/c_1$$

ist.

Wenn einer der Vektoren, etwa $\boldsymbol{x}_2$, verschwindet, dann folgt aus den Beispielen 1 und 2, daß $\boldsymbol{x}_1$ und $\boldsymbol{x}_2$ linear abhängig sind. Wir betrachten deshalb den Fall, daß $\boldsymbol{x}_2$ nicht der Nullvektor ist. Wenn $\boldsymbol{x}_1$ und $\boldsymbol{x}_2$ in einer Dimension dargestellt werden können, dann existiert ein gewisser Skalar λ, so daß

$$\boldsymbol{x}_1 = \lambda\boldsymbol{x}_2$$

ist, und die Gleichung

$$c_1\boldsymbol{x}_1 + c_2\boldsymbol{x}_2 = \boldsymbol{0}$$

kann mit $c_1 \neq 0$ $(c_1 = 1, c_2 = -\lambda)$ erfüllt werden.

Beispiel 4. Drei Vektoren sind dann und nur dann linear abhängig, wenn sie durch drei gerichtete Linien in einer Ebene dargestellt werden können.

Es ist offenbar hinreichend, den Fall zu behandeln, wenn keines der Paare von $\boldsymbol{x}_1$, $\boldsymbol{x}_2$, $\boldsymbol{x}_3$ linear abhängig ist.

Wenn

$$c_1\boldsymbol{x}_1 + c_2\boldsymbol{x}_2 + c_3\boldsymbol{x}_3 = \boldsymbol{0}$$

ist, wobei nicht alle c_i verschwinden, etwa $c_1 \neq 0$ ist, dann gilt

$$\boldsymbol{x}_1 = \lambda \boldsymbol{x}_2 + \mu \boldsymbol{x}_3$$

mit $\lambda = -c_2/c_1$, $\mu = -c_3/c_1$. Es ist klar, daß $\boldsymbol{x}_1$, $\lambda \boldsymbol{x}_2$, $\mu \boldsymbol{x}_3$ durch die Seiten eines Dreiecks dargestellt werden können (Abb. 10), das notwendigerweise eben ist.

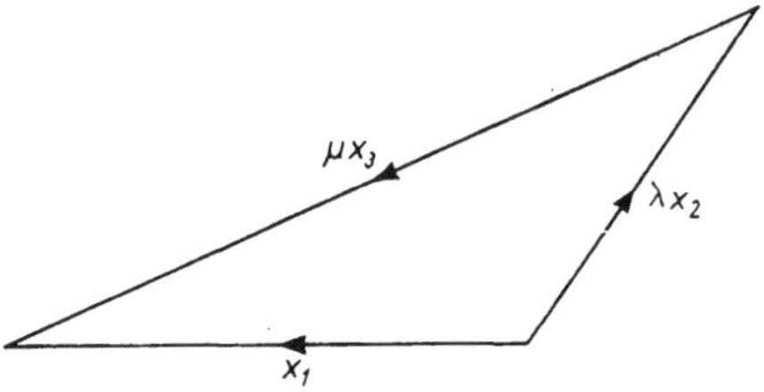

Abb. 10

Wenn umgekehrt $\boldsymbol{x}_1, \boldsymbol{x}_2, \boldsymbol{x}_3$ in einer Ebene dargestellt werden können, dann kann ein wie in Abb. 10 gezeichnetes Dreieck konstruiert werden, woraus das geforderte Resultat folgt.

Diesem Beispiel entnimmt man, daß drei beliebige Vektoren, die man nicht in einer Ebene darstellen kann, eine linear unabhängige Menge bilden. Insbesondere bilden drei gegenseitig orthogonale Vektoren eine unabhängige Menge.

Wir können nun das grundlegende Ergebnis formulieren: Vier beliebige Vektoren $\boldsymbol{x}_1, \boldsymbol{x}_2, \boldsymbol{x}_3, \boldsymbol{x}_4$ sind in drei Dimensionen linaer abhängig. Wenn jeweils drei dieser Vektoren linear abhängig sind, dann folgt das Resultat unmittelbar aus Beispiel 2, so daß wir annehmen, daß keine drei dieser Vektoren in einer Ebene dargestellt werden können. Es ist möglich, ein geschlossenes schiefes Viereck mit Seiten parallel zu den Richtungen von $\boldsymbol{x}_1, \boldsymbol{x}_2, \boldsymbol{x}_3, \boldsymbol{x}_4$ zu konstruieren (Abb. 11), und daraus folgt durch sukzessive Anwendung des Dreiecksgesetzes

$$c_1\boldsymbol{x}_1 + c_2\boldsymbol{x}_2 + c_3\boldsymbol{x}_3 + c_4\boldsymbol{x}_4 = 0 \qquad (12)$$

für eine gewisse Menge von nichtverschwindenden Skalaren c_i. Der Leser wird es eventuell für angebracht halten, das schiefe Viereck nach Abb. 11 als die Diagonale und drei Seiten eines Parallelepipeds zu betrachten (Abb. 12). Es ist ziemlich einfach einzusehen, daß ein Parallelepiped auf einer gegebenen Linie als Diagonale mit Seiten in drei gegebenen Richtungen konstruiert werden kann.

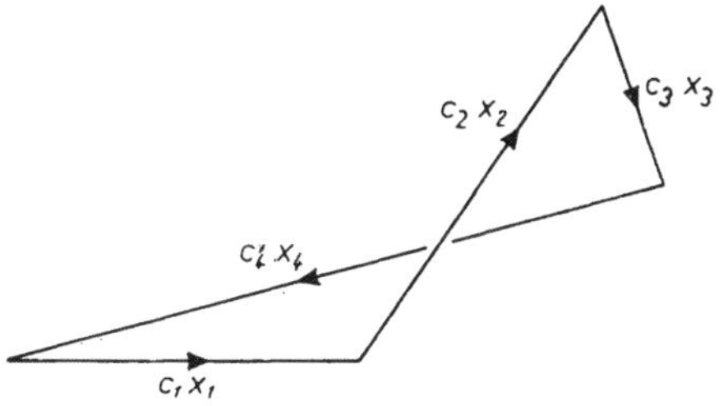

Abb. 11

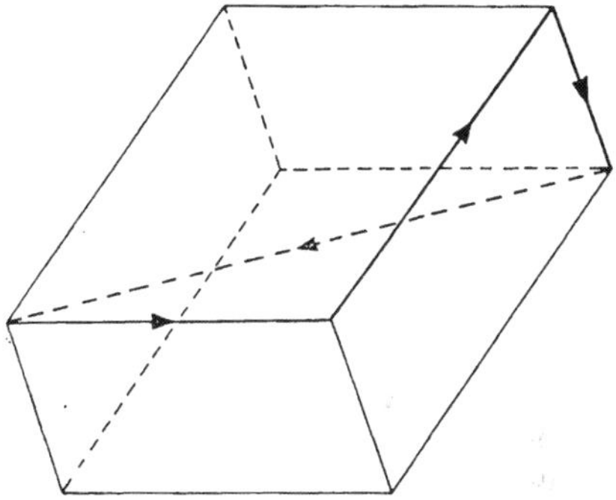

Abb. 12

Beispiel 5. Ein beliebiger Punkt P der Linie AB hat den Ortsvektor $r = \overrightarrow{OP}$ bezüglich irgendeines Ursprungs, der durch die Beziehung

$$\boldsymbol{r} = \frac{\alpha \boldsymbol{a} + \beta \boldsymbol{b}}{\alpha + \beta}$$

gegeben ist, wobei α, β Skalare und $\boldsymbol{a} = \overrightarrow{OA}$ und $\boldsymbol{b} = \overrightarrow{OB}$ die Ortsvektoren von A und B bezüglich O sind.

Wir können dieses Problem einfach als eine Übung für die Anwendung des Dreiecksgesetzes behandeln. Abb. 13 entnehmen wir

$$\overrightarrow{OB} + \overrightarrow{BP} = \overrightarrow{OP},$$
$$\overrightarrow{OP} + \overrightarrow{PA} = \overrightarrow{OA}. \tag{13}$$

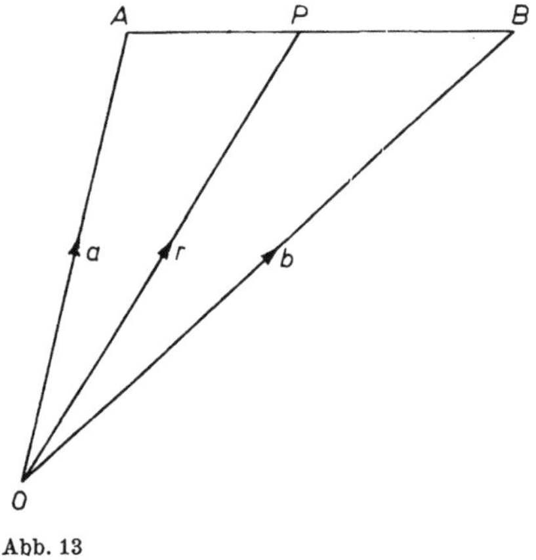

Abb. 13

Wir nehmen an, daß P die Strecke AB in dem Verhältnis $\beta:\alpha$ teilt, d. h.

$$\frac{AP}{PB} = \frac{\beta}{\alpha}.$$

Dann können wir schreiben

$$\overrightarrow{AP} = \frac{\beta}{\alpha + \beta} \overrightarrow{AB},$$
$$\overrightarrow{PB} = \frac{\alpha}{\alpha + \beta} \overrightarrow{AB}. \tag{14}$$

Wenn wir (14) in (13) einsetzen und beachten, daß $\overrightarrow{AP} = -\overrightarrow{PA}$ und $\overrightarrow{BP} = -\overrightarrow{PB}$ ist, erhalten wir

$$\boldsymbol{b} - \frac{\alpha}{\alpha + \beta} \overrightarrow{AB} = \boldsymbol{r}, \tag{15}$$

$$\boldsymbol{r} - \frac{\beta}{\alpha + \beta} \overrightarrow{AB} = \boldsymbol{a}. \tag{16}$$

Durch Multiplikation von Gleichung (15) mit β und von Gleichung (16) mit α und anschließende Subtraktion erhalten wir

$$\boldsymbol{r} = \frac{\alpha \boldsymbol{a} + \beta \boldsymbol{b}}{\alpha + \beta}. \tag{17}$$

Gleichung (17) wird die *Abschnittsgleichung* genannt.

Eine etwas anspruchsvollere Lösung des gleichen Problems kann mit Hilfe des Begriffs der linearen Abhängigkeit gefunden werden.

Die Vektoren $\overrightarrow{AP}$ und $\overrightarrow{BP}$ sind kollinear und nach Beispiel 3 sind sie linear abhängig, d. h., es gibt Skalare α und β, die nicht beide verschwinden, so daß

$$\alpha \overrightarrow{AP} + \beta \overrightarrow{BP} = \boldsymbol{0} \tag{18}$$

gilt. Auf Grund des Dreiecksgesetzes ist

$$\overrightarrow{AP} = \boldsymbol{r} - \boldsymbol{a}, \quad \overrightarrow{BP} = \boldsymbol{r} - \boldsymbol{b},$$

so daß (18) geschrieben werden kann als

$$\alpha(\boldsymbol{r} - \boldsymbol{a}) + \beta(\boldsymbol{r} - \boldsymbol{b}) = \boldsymbol{0},$$

woraus man durch Umordnung Gleichung (17) erhält.

Beispiel 6. Wenn $\boldsymbol{a}$, $\boldsymbol{b}$, $\boldsymbol{c}$ die Ortsvektoren von drei kollinearen Punkten A, B und C sind, dann gibt es drei

Skalare α, β und γ, so daß

$$\alpha \boldsymbol{a} + \beta \boldsymbol{b} + \gamma \boldsymbol{c} = \boldsymbol{0}$$

mit

$$\alpha + \beta + \gamma = 0$$

gilt.

Dieses Ergebnis drückt einfach die Abschnittsgleichung (17) in symmetrischer Form aus. In Beispiel 5 nehmen wir P als den Punkt C, so daß $\boldsymbol{r} = \boldsymbol{c}$ ist. Gleichung (17) ergibt dann

$$\alpha \boldsymbol{a} + \beta \boldsymbol{b} + \{-(\alpha + \beta)\} \boldsymbol{c} = \boldsymbol{0}$$

oder

$$\alpha \boldsymbol{a} + \beta \boldsymbol{b} + \gamma \boldsymbol{c} = \boldsymbol{0}$$

mit

$$\alpha + \beta + \gamma = 0.$$

1.3. Mittelpunktsvektoren[1]

Wir nehmen an, daß wir eine Menge von n Punkten P_i, $i = 1, 2, \ldots, n$, haben, deren Ortsvektoren bezüglich eines gegebenen Ursprungs O $\boldsymbol{r}_1, \boldsymbol{r}_2, \ldots, \boldsymbol{r}_n$ sind. Der *Mittelpunkt* der Punkte P_i ist der Punkt G, dessen Ortsvektor bezüglich des Ursprungs O gleich $\bar{\boldsymbol{r}}$ ist

$$\bar{\boldsymbol{r}} = \frac{\boldsymbol{r}_1 + \boldsymbol{r}_2 + \cdots + \boldsymbol{r}_n}{n}. \tag{19}$$

Der Mittelpunkt einer Menge von n Punkten ist eindeutig. Wenn O' ein gewisser Punkt ist, so daß $\overrightarrow{OO'} = \boldsymbol{a}$, und wenn die Ortsvektoren der Punkte P_i, $i = 1, 2, \ldots, n$, bezüglich O' gleich $\boldsymbol{r}_1', \boldsymbol{r}_2', \ldots, \boldsymbol{r}_n'$ sind, dann ist

$$\boldsymbol{r}_i' = \boldsymbol{r}_i - \boldsymbol{a}, \qquad i = 1, 2, \ldots, n. \tag{20}$$

---

[1]) Im englischen Original steht der Ausdruck „Centroid“ (Anm. d. Übersetzers).

Der bezüglich des Ursprungs O' definierte Mittelpunkt hat den Ortsvektor $\bar{\boldsymbol{r}}'$ mit

$$\bar{\boldsymbol{r}}' = \frac{\boldsymbol{r}_1' + \boldsymbol{r}_2' + \cdots + \boldsymbol{r}_n'}{n}$$

$$= \frac{\boldsymbol{r}_1 + \boldsymbol{r}_2 + \cdots + \boldsymbol{r}_n - n\boldsymbol{a}}{n}$$

$$= \bar{\boldsymbol{r}} - \boldsymbol{a}. \tag{21}$$

$\bar{\boldsymbol{r}}$ und $\bar{\boldsymbol{r}}'$ definieren natürlich den gleichen Punkt (Abb. 14).

Beispiel 7. $A_1 A_2 A_3 A_4 A_5 A_6$ ist ein Sechseck (möglicherweise schief), und G_i ist der Mittelpunkt der drei Punkte A_{i-1}, A_i, A_{i+1}, die benachbarte Ecken darstellen.

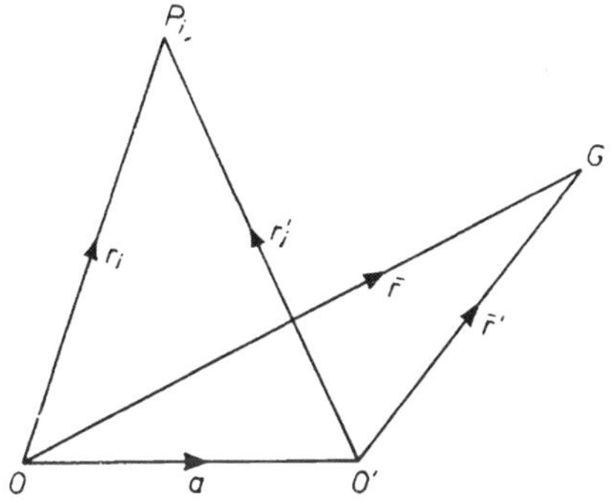

Abb. 14

Zeige, daß in dem Sechseck $G_1 G_2 G_3 G_4 G_5 G_6$ die entgegengesetzten Seiten gleich und parallel sind.

Die Ortsvektoren der Punkte A_i, $i = 1, 2, \ldots, 6$, bezüglich eines beliebigen Ursprungs seien $\boldsymbol{a}_i$, $i = 1, 2, \ldots, 6$. Wenn die Ortsvektoren der Punkte G_i, $i = 1, 2, \ldots, 6$, bezüglich des gleichen Ursprungs $\boldsymbol{g}_i$ sind $(i = 1, 2, \ldots, 6)$, haben wir

$$\begin{aligned}
\boldsymbol{g}_1 &= (\boldsymbol{a}_6 + \boldsymbol{a}_1 + \boldsymbol{a}_2)/3\,,\\
\boldsymbol{g}_2 &= (\boldsymbol{a}_1 + \boldsymbol{a}_2 + \boldsymbol{a}_3)/3\,,\\
\boldsymbol{g}_3 &= (\boldsymbol{a}_2 + \boldsymbol{a}_3 + \boldsymbol{a}_4)/3\,,\\
\boldsymbol{g}_4 &= (\boldsymbol{a}_3 + \boldsymbol{a}_4 + \boldsymbol{a}_5)/3\,,\\
\boldsymbol{g}_5 &= (\boldsymbol{a}_4 + \boldsymbol{a}_5 + \boldsymbol{a}_6)/3\,,\\
\boldsymbol{g}_6 &= (\boldsymbol{a}_5 + \boldsymbol{a}_6 + \boldsymbol{a}_1)/3\,.
\end{aligned}$$

Wir erhalten also unter Verwendung des Dreiecksgesetzes

$$\begin{aligned}
\overrightarrow{G_1G_2} &= \boldsymbol{g}_2 - \boldsymbol{g}_1\\
&= (\boldsymbol{a}_3 - \boldsymbol{a}_6)/3\,.
\end{aligned}$$

In ähnlicher Weise ist

$$\begin{aligned}
\overrightarrow{G_2G_3} &= (\boldsymbol{a}_4 - \boldsymbol{a}_1)/3\,,\\
\overrightarrow{G_3G_4} &= (\boldsymbol{a}_5 - \boldsymbol{a}_2)/3\,,\\
\overrightarrow{G_4G_5} &= (\boldsymbol{a}_6 - \boldsymbol{a}_3)/3\,,\\
\overrightarrow{G_5G_6} &= (\boldsymbol{a}_1 - \boldsymbol{a}_4)/3\,,\\
\overrightarrow{G_6G_1} &= (\boldsymbol{a}_2 - \boldsymbol{a}_5)/3\,.
\end{aligned}$$

Das gewünschte Resultat folgt aus der Tatsache, daß

$$\begin{aligned}
\overrightarrow{G_1G_2} &= \overrightarrow{G_5G_4}\,,\\
\overrightarrow{G_2G_3} &= \overrightarrow{G_6G_5}\,,\\
\overrightarrow{G_3G_4} &= \overrightarrow{G_1G_6}
\end{aligned}$$

ist.

1.4. Basisvektoren

Wir nehmen an, daß $\boldsymbol{u}_1$, $\boldsymbol{u}_2$, $\boldsymbol{u}_3$ drei linear unabhängige (nicht notwendigerweise orthogonale) Vektoren vom Betrag Eins (*Einheitsvektoren*) sind. Ein beliebiger Vektor $\boldsymbol{v}$

kann in der Form

$$\boldsymbol{v} = v_1\boldsymbol{u}_1 + v_2\boldsymbol{u}_2 + v_3\boldsymbol{u}_3 \tag{22}$$

dargestellt werden, wobei v_1, v_2, v_3 eine Menge von Skalaren ist, die man *Komponentenskalare* oder einfach die *Komponenten* von $\boldsymbol{v}$ bezüglich der Basisvektoren $\boldsymbol{u}_1$, $\boldsymbol{u}_2$, $\boldsymbol{u}_3$ nennt. Die Vektoren $v_1\boldsymbol{u}_1$, $v_2\boldsymbol{u}_2$, $v_3\boldsymbol{u}_3$ werden *Komponentenvektoren* von $\boldsymbol{v}$ genannt. Die Behauptung (22) folgt unmittelbar aus den Betrachtungen zu Abb. 11 und 12 (s. S. 17).

Die Komponenten der Summe zweier Vektoren $\boldsymbol{v}$ und $\boldsymbol{w}$ sind die Summen der Komponenten von $\boldsymbol{v}$ und $\boldsymbol{w}$. Mit Hilfe des Assoziativgesetzes der Addition ergibt sich

$$\begin{aligned}\boldsymbol{v} + \boldsymbol{w} &= (v_1\boldsymbol{u}_1 + v_2\boldsymbol{u}_2 + v_3\boldsymbol{u}_3) + (w_1\boldsymbol{u}_1 + w_2\boldsymbol{u}_2 + w_3\boldsymbol{u}_3)\\ &= (v_1 + w_1)\boldsymbol{u}_1 + (v_2 + w_2)\boldsymbol{u}_2 + (v_3 + w_3)\boldsymbol{u}_3.\end{aligned}$$

Wenn $\boldsymbol{v} = \boldsymbol{0}$ ist, dann gilt $v_1 = v_2 = v_3 = 0$. Das muß gelten, denn anderenfalls wäre

$$v_1\boldsymbol{u}_1 + v_2\boldsymbol{u}_2 + v_3\boldsymbol{u}_3 = \boldsymbol{0},$$

wobei nicht alle v_1, v_2, v_3 verschwinden würden, und $\boldsymbol{u}_1$, $\boldsymbol{u}_2$, $\boldsymbol{u}_3$ könnte keine unabhängige Menge von Vektoren bilden.

Beispiel 8. Wenn $\boldsymbol{x} = \boldsymbol{y}$ und $\boldsymbol{x} = x_1\boldsymbol{u}_1 + x_2\boldsymbol{u}_2 + x_3\boldsymbol{u}_3$, $\boldsymbol{y} = y_1\boldsymbol{u}_1 + y_2\boldsymbol{u}_2 + y_3\boldsymbol{u}_3$ sind, wobei $\boldsymbol{u}_1$, $\boldsymbol{u}_2$, $\boldsymbol{u}_3$ eine beliebige Menge von Basisvektoren ist, dann sind $x_1 = y_1$, $x_2 = y_2$, $x_3 = y_3$.

Dieses Ergebnis folgt trivialerweise aus den vorhergehenden Paragraphen. Es sagt im wesentlichen aus, daß eine Vektorgleichung zu drei Skalargleichungen äquivalent ist.

Häufig werden die Einheitsvektoren $\boldsymbol{u}_1$, $\boldsymbol{u}_2$, $\boldsymbol{u}_3$ als Vektoren gewählt, die in Richtung der rechtwinkligen kartesischen Koordinatenachsen OX, OY, OZ zeigen (Abb. 2 auf S. 8). Eine derartige Menge wird gewöhnlich durch die Symbole $\boldsymbol{i}, \boldsymbol{j}, \boldsymbol{k}$ gekennzeichnet und *rechtshändiges*

Dreibein von gegenseitig orthogonalen Einheitsvektoren genannt. Die Bezeichnung „rechtshändig" wird benutzt, weil die Drehrichtung von $\boldsymbol{i}$ in Richtung $\boldsymbol{j}$ um $\boldsymbol{k}$ die einer rechtshändigen Schraubenbewegung ist (Abb. 15). Mit Hilfe solch einer Menge von Basisvektoren wird Gleichung

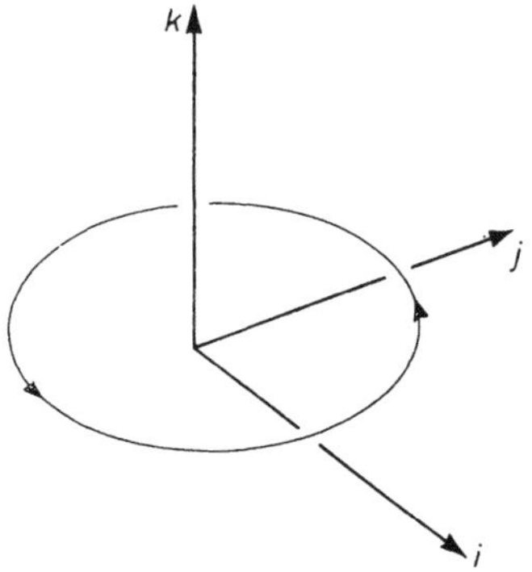

Abb. 15

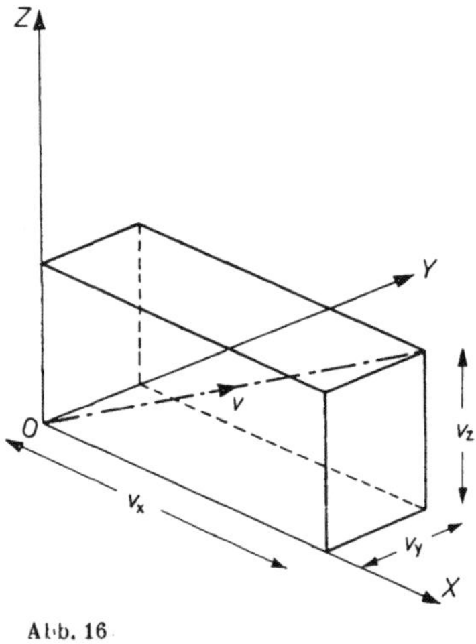

Abb. 16

(22) zu

$$\boldsymbol{v} = v_x \boldsymbol{i} + v_y \boldsymbol{j} + v_z \boldsymbol{k},$$

wobei v_x, v_y, v_z eine Menge von Skalaren ist, die rechtwinklige kartesische Komponenten von $\boldsymbol{v}$ genannt werden. In diesem Falle sind die Komponentenvektoren von $\boldsymbol{v}$ gleich $v_x\boldsymbol{i}$, $v_y\boldsymbol{j}$, $v_z\boldsymbol{k}$ (Abb. 16). Durch sukzessive Anwendung des Satzes von PYTHAGORAS folgt

$$|\boldsymbol{v}|^2 = v_x^2 + v_y^2 + v_z^2. \tag{24}$$

Beispiel 9. Unter der Voraussetzung, daß der durch Gleichung (23) definierte Vektor $\boldsymbol{v}$ mit den kartesischen Koordinatenachsen (Abb. 16) die Winkel α, β, γ bildet, zeige man, daß

$$\cos^2\alpha + \cos^2\beta + \cos^2\gamma = 1 \tag{25}$$

ist.

Die Kosinus $\cos\alpha$, $\cos\beta$, $\cos\gamma$ werden *Richtungskosinus* des Vektors $\boldsymbol{v}$ genannt. Es gilt

$$v_x = |\boldsymbol{v}|\cos\alpha,$$
$$v_y = |\boldsymbol{v}|\cos\beta,$$
$$v_z = |\boldsymbol{v}|\cos\gamma,$$

und das Ergebnis folgt trivialerweise aus Gleichung (24).

Beispiel 10. Bestimme die kartesischen Komponenten der Differenz der Vektoren $\boldsymbol{a}$ und $\boldsymbol{b}$, die gegeben sind durch

$$\boldsymbol{a} = a_x\boldsymbol{i} + a_y\boldsymbol{j} + a_z\boldsymbol{k},$$
$$\boldsymbol{b} = b_x\boldsymbol{i} + b_y\boldsymbol{j} + b_z\boldsymbol{k}.$$

Auf direktem Wege folgt aus Gleichung (9)

$$\boldsymbol{a} - \boldsymbol{b} = (a_x - b_x)\boldsymbol{i} + (a_y - b_y)\boldsymbol{j} + (a_z - b_z)\boldsymbol{k}.$$

Übungen 1

1. Bestimme den Ortsvektor des Schnittpunktes der Seitenhalbierenden eines Dreiecks mit Hilfe der Ortsvektoren $\boldsymbol{a}$, $\boldsymbol{b}$, $\boldsymbol{c}$ seiner Ecken bezüglich irgendeines geeigneten Ursprungs.

(*Antwort*: $(\boldsymbol{a} + \boldsymbol{b} + \boldsymbol{c})/3$)

2. Wenn O, O' die Mittelpunkte von zwei beliebigen geraden Linien AB, $A'B'$ sind, dann zeige, daß

$$\overrightarrow{AA'} + \overrightarrow{BB'} = 2\overrightarrow{OO'}$$

ist.

3. Beweise, daß die Mittelpunkte der Seiten irgendeines (schiefen) Vierecks die Eckpunkte eines Parallelogramms sind.

4. AXB und CXD mögen die Sehnen eines Kreises sein, die sich unter einem rechten Winkel schneiden. Der Mittelpunkt des Kreises liege bei 0. Zeige, daß

$$\overrightarrow{XA} + \overrightarrow{XB} + \overrightarrow{XC} + \overrightarrow{XD} = 2\overrightarrow{XO}$$

ist.

5. Unter der Voraussetzung, daß P irgendein Punkt in der Ebene der Punkte A, B und C ist, zeige, daß der Ortsvektor $\boldsymbol{r}$ von P bezüglich eines Ursprungs O ausgedrückt werden kann als

$$\boldsymbol{r} = \frac{\alpha\boldsymbol{a} + \beta\boldsymbol{b} + \gamma\boldsymbol{c}}{\alpha + \beta + \gamma},$$

wobei α, β und γ Skalare und $\boldsymbol{a}$, $\boldsymbol{b}$ und $\boldsymbol{c}$ die Ortsvektoren von A, B und C bezüglich O sind.
(*Hinweis*: s. Beispiel 5)

6. Unter der Voraussetzung, daß A, B, C und D vier Punkte in einer Ebene sind, deren Ortsvektoren (bezüglich eines geeigneten Ursprungs) gleich $\boldsymbol{a}$, $\boldsymbol{b}$, $\boldsymbol{c}$ und $\boldsymbol{d}$ sind, zeige, daß

es Skalare α, β, γ und δ gibt, so daß

$$\alpha \boldsymbol{a} + \beta \boldsymbol{b} + \gamma \boldsymbol{c} + \delta \boldsymbol{d} = \boldsymbol{0}$$

mit

$$\alpha + \beta + \gamma + \delta = 0 .$$

gilt.

(*Hinweis*: s. Beispiel 6)

7. Zeige, daß die durch

$$\boldsymbol{a} = \boldsymbol{i} + 2\boldsymbol{j} + 4\boldsymbol{k},$$
$$\boldsymbol{b} = 2\boldsymbol{i} + \boldsymbol{j} + 3\boldsymbol{k},$$
$$\boldsymbol{c} = \boldsymbol{i} + \boldsymbol{j} + \boldsymbol{k}$$

gegebenen Vektoren $\boldsymbol{a}$, $\boldsymbol{b}$, $\boldsymbol{c}$ linear unabhängig sind. Drücke den Vektor $\boldsymbol{d}$ mit

$$\boldsymbol{d} = 2\boldsymbol{i} - \boldsymbol{j} - 3\boldsymbol{k}$$

als Linearkombination der Vektoren $\boldsymbol{a}$, $\boldsymbol{b}$ und $\boldsymbol{c}$ aus. (*Hinweis*: Zeige, daß die Beziehung $\alpha \boldsymbol{a} + \beta \boldsymbol{b} + \gamma \boldsymbol{c} = \boldsymbol{0}$ nur mit $\alpha = \beta = \gamma = 0$ erfüllt werden kann.)

(*Antwort*: $3\boldsymbol{d} = -8\boldsymbol{a} + \boldsymbol{b} + 12\boldsymbol{c}$)

8. Wähle x so, daß die Vektoren

$$\boldsymbol{a} = x\boldsymbol{i} + 4\boldsymbol{j} + \boldsymbol{k},$$
$$\boldsymbol{b} = 3\boldsymbol{i} + 2\boldsymbol{j} + \boldsymbol{k},$$
$$\boldsymbol{c} = 5\boldsymbol{i} + 3\boldsymbol{j} + \boldsymbol{k}$$

linear abhängig sind.

(*Antwort*: $x = 7$)

9. Berechne die Beträge der Vektoren

$$\boldsymbol{a} = 3\boldsymbol{i} - 2\boldsymbol{j} + \boldsymbol{k},$$
$$\boldsymbol{b} = \boldsymbol{i} - 3\boldsymbol{j} + 5\boldsymbol{k},$$
$$\boldsymbol{c} = 2\boldsymbol{i} + \boldsymbol{j} - 4\boldsymbol{k}.$$

Zeige, daß

$$\boldsymbol{b} = \boldsymbol{a} - \boldsymbol{c}$$

ist und leite unter Benutzung des Satzes von PYTHAGORAS ab, daß $\boldsymbol{a}$ und $\boldsymbol{c}$ senkrecht zueinander stehen.

$$\left(\textit{Antwort}: \sqrt{14},\ \sqrt{35},\ \sqrt{21}\right).$$

10. Die Eckpunkte A, B, C des Dreiecks ABC haben die Ortsvektoren $\boldsymbol{a}$, $\boldsymbol{b}$, $\boldsymbol{c}$ bezüglich eines gegebenen Ursprungs O. Zeige, daß der Punkt D, in dem die Winkelhalbierende des Winkels bei A die Seite BC trifft, den Ortsvektor

$$\boldsymbol{d} = \frac{\beta \boldsymbol{b} + \gamma \boldsymbol{c}}{\beta + \gamma}$$

hat, wobei

$$\beta = |\boldsymbol{c} - \boldsymbol{a}|, \quad \gamma = |\boldsymbol{a} - \boldsymbol{b}|$$

ist.

Beweise, daß das *Innenzentrum* I (der Schnittpunkt der Winkelhalbierenden) den Ortsvektor

$$\boldsymbol{i} = \frac{\alpha \boldsymbol{a} + \beta \boldsymbol{b} + \gamma \boldsymbol{c}}{\alpha + \beta + \gamma}$$

hat, wobei

$$\alpha = |\boldsymbol{b} - \boldsymbol{c}|$$

ist.

2. Differentiation

2.1. Ableitungen

Wir wollen den Vektor $\boldsymbol{v}(s, t, u, \ldots)$ betrachten, dessen Betrag und Richtung dadurch vollständig bestimmt sind, daß man dem Satz von Skalaren s, t, u, ... Werte zuschreibt. Wir nennen $\boldsymbol{v}(s, t, u \ldots)$ eine Vektorfunktion der skalaren Variablen s, t, u, ...

Beispiel 1. Der Ortsvektor $\boldsymbol{r}$ des Punktes P bezüglich eines Ursprungs O ist mit Hilfe der Skalare s und t durch die Vektorgleichung

$$\boldsymbol{r} = \boldsymbol{v}(s, t)$$

gegeben, wobei

$$\boldsymbol{v}(s, t) = \sin s \cos t\, \boldsymbol{i} + \sin s \sin t\, \boldsymbol{j} + \cos s\, \boldsymbol{k}$$

ist.

Zeige, daß der geometrische Ort von P eine Kugel mit dem Mittelpunkt O ist.

Wenn wir zu den Komponenten übergehen, erhalten wir

$$x = \sin s \cos t,$$
$$y = \sin s \sin t,$$
$$z = \cos s.$$

Durch Elimination von s und t findet man mit

$$x^2 + y^2 + z^2 = 1$$

das gesuchte Resultat.

Beispiel 2. Der geometrische Ort von

$$\boldsymbol{r} = \sinh s\, \boldsymbol{i} + \cosh s\, \boldsymbol{j} + \boldsymbol{k},$$

wobei s ein Skalar ist, ist eine Hyperbel in der Ebene $z = 1$.

In Komponentenschreibweise haben wir

$$x = \sinh s,$$
$$y = \cosh s,$$
$$z = 1.$$

Der Parameter s kann aus den beiden ersten Gleichungen eliminiert werden, dadurch erhält man

$$y^2 - x^2 = 1, \quad z = 1.$$

Der gesuchte geometrische Ort ist deshalb die Menge der Punkte, die dem hyperbolischen Zylinder $y^2 - x^2 = 1$ und der Ebene $z = 1$ gemeinsam sind.

Zuerst wollen wir den Fall behandeln, bei dem wir einen Vektor $\boldsymbol{v}(s)$ haben, der durch einen einzigen Skalar s bestimmt ist und der mit Hilfe geeigneter Basisvektoren $\boldsymbol{u}_1, \boldsymbol{u}_2, \boldsymbol{u}_3$ als

$$\boldsymbol{v}(s) = v_1(s)\boldsymbol{u}_1 + v_2(s)\boldsymbol{u}_2 + v_3(s)\boldsymbol{u}_3 \tag{1}$$

dargestellt werden kann.

Die *Ableitung* von $\boldsymbol{v}(s)$ in bezug auf s wird definiert als

$$\lim_{\delta s \to 0} \frac{\boldsymbol{v}(s + \delta s) - \boldsymbol{v}(s)}{\delta s}, \tag{2}$$

vorausgesetzt, daß dieser Grenzwert existiert. Wir werden die Ableitung von $\boldsymbol{v}(s)$ nach s durch

$$\frac{d\boldsymbol{v}(s)}{ds} \tag{3}$$

bezeichnen, was wir oft auch als $d\boldsymbol{v}/ds$ abkürzen.

Aus (2) folgt unmittelbar, daß

$$\frac{d\boldsymbol{v}}{ds} = \frac{dv_1}{ds}\boldsymbol{u}_1 + \frac{dv_2}{ds}\boldsymbol{u}_2 + \frac{dv_3}{ds}\boldsymbol{u}_3 \tag{4}$$

ist, natürlich vorausgesetzt, daß die Vektorbasis $\boldsymbol{u}_1$, $\boldsymbol{u}_2$, $\boldsymbol{u}_3$ nicht von dem Parameter s abhängt. Aus den Betrachtungen von 1.4. wird klar, daß unsere Definition der Ableitung einer Vektorfunktion von einer skalaren Variablen in dem Sinne von Gleichung (4) äquivalent der gewöhnlichen Ableitung von drei skalaren Funktionen der gleichen skalaren Variablen ist.

Der Prozeß der *Integration* bezüglich eines Skalars von einer Vektorfunktion einer skalaren Variablen kann in der üblichen Weise als der der Differentiation inverse

Prozeß definiert werden. Wir schreiben

$$\int \boldsymbol{v}(s)\, ds = \left\{\int v_1(s)\, ds\right\} \boldsymbol{u}_1 + \left\{\int v_2(s)\, ds\right\} \boldsymbol{u}_2 + \left\{\int v_3(s)\, ds\right\} \boldsymbol{u}_3. \qquad (5)$$

Wenn $\boldsymbol{v}(s, t, u, \ldots)$ eine Vektorfunktion von mehreren skalaren Variablen ist, wird die *partielle Ableitung* von $\boldsymbol{v}(s, t, u, \ldots)$ nach s definiert als

$$\lim_{\delta s \to 0} \frac{\boldsymbol{v}(s + \delta s, t, u, \ldots) - \boldsymbol{v}(s, t, u, \ldots)}{\delta s}, \qquad (6)$$

vorausgesetzt, daß dieser Grenzwert existiert. Wir werden die partielle Ableitung von $\boldsymbol{v}(s, t, u, \ldots)$ nach s mit

$$\frac{\partial \boldsymbol{v}(s, t, u, \ldots)}{\partial s} \qquad (7)$$

bezeichnen, die wir als $\partial \boldsymbol{v}/\partial s$ abkürzen.

Wenn $\boldsymbol{v}(s, t, u, \ldots)$ mit Hilfe einer gewissen festen Vektorbasis $\boldsymbol{u}_1, \boldsymbol{u}_2, \boldsymbol{u}_3$ ausgedrückt ist, können Gleichungen analog zu (1) und (4) niedergeschrieben werden.

Die Gleichungen der gewöhnlichen Analysis von Skalaren können auf die Differential- (und Integral-) Rechnung von Vektorfunktionen von Skalarvariablen ausgedehnt werden, z. B.

$$d\boldsymbol{v} = \frac{\partial \boldsymbol{v}}{\partial s} ds + \frac{\partial \boldsymbol{v}}{\partial t} dt + \frac{\partial \boldsymbol{v}}{\partial u} du + \cdots. \qquad (8)$$

Von besonderem Interesse in der Physik sind die zeitlichen Ableitungen des Ortsvektors $\boldsymbol{r}(t)$ eines Punktes P. Die Ableitung $d\boldsymbol{r}/dt$ wird *Geschwindigkeitsvektor* des Punktes P genannt. Wenn zu der Zeit t die Lage des Punktes P durch den Ortsvektor $\boldsymbol{r}$ (Abb. 17) bestimmt ist, während zu der Zeit $t + \delta t$ die Lage durch den Ortsvektor $t + \delta \boldsymbol{r}$ gegeben ist, dann ist mit $\delta t \to 0$

$$|\delta \boldsymbol{r}| = \delta s, \qquad (9)$$

wobei δs die Länge des Bogens auf der Bahn des Punktes P ist, die der Punkt P während der Zeit δt zurücklegt. Es ist dann

$$\left|\frac{d\boldsymbol{r}}{dt}\right| = \frac{ds}{dt}, \tag{10}$$

und der Geschwindigkeitsvektor zeigt in die momentane Richtung der Tangente an der Bahn und hat einen Betrag, der gleich der Geschwindigkeit des Punktes P ist. Die

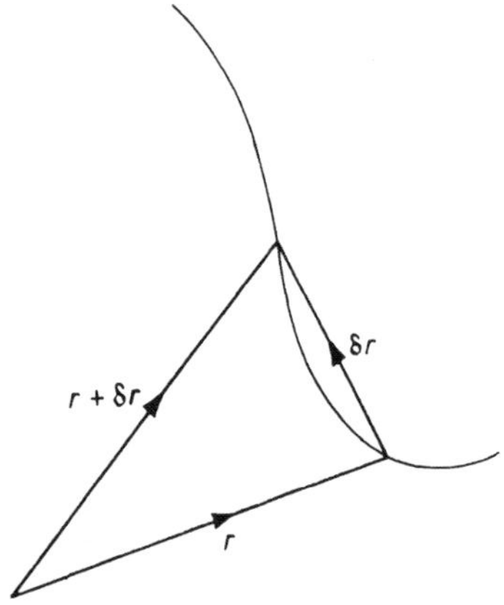

Abb. 17

zweite Zeitableitung $d^2\boldsymbol{r}/dt^2$ kann in ähnlicher Weise betrachtet werden und wird *Beschleunigungsvektor* des Punktes P genannt. Es ist üblich geworden, einen Punkt zur Kennzeichnung der Differentiation nach der Zeit zu benutzen; mit dieser Bezeichnungsweise sind die Geschwindigkeits- und Beschleunigungsvektoren des Punktes P gleich $\dot{\boldsymbol{r}}$ bzw. $\ddot{\boldsymbol{r}}$.

Beispiel 3. Der Punkt P in Abb. 18 bewegt sich mit konstanter Geschwindigkeit $a\omega$ auf einem Kreis mit dem Radius a. Zeige, daß sich der Punkt Q (die Projektion von

P auf einen gegebenen Durchmesser) nach einem einfachen harmonischen Gesetz bewegt.

Die Gleichung eines Kreises mit dem Radius a und dem Mittelpunkt im Ursprung ist

$$\boldsymbol{r} = a \cos\theta\, \boldsymbol{i} + a \sin\theta\, \boldsymbol{j},$$

wobei θ der skalare Parameter ist, dessen funktionale Abhängigkeit von der Zeit t bestimmt werden soll. Der

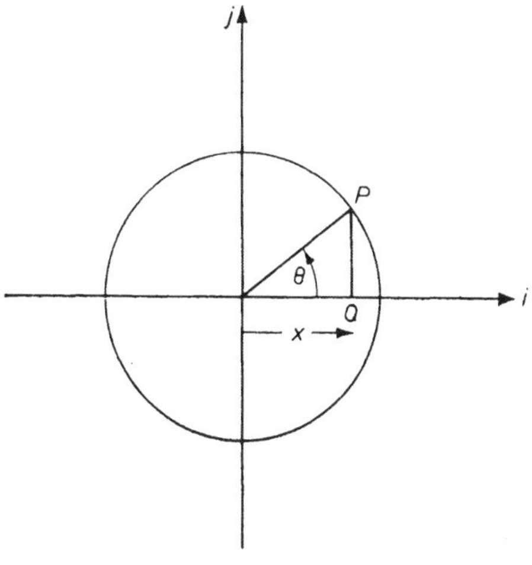

Abb. 18

Geschwindigkeitsvektor ist

$$\dot{\boldsymbol{r}} = \frac{d\boldsymbol{r}}{dt} = \left(-a \sin\theta \frac{d\theta}{dt}\right)\boldsymbol{i} + \left(a \cos\theta \frac{d\theta}{dt}\right)\boldsymbol{j}.$$

Der Betrag dieses Vektors ist

$$\sqrt{\left\{a^2 \sin^2\theta \left(\frac{d\theta}{dt}\right)^2 + a^2 \cos^2\theta \left(\frac{d\theta}{dt}\right)^2\right\}},$$

und wir setzen voraus, daß er eine Konstante und gleich $a\omega$ ist. Deshalb ist $d\theta/dt = \omega$ eine Konstante. Wenn wir die Integrationskonstante so wählen, daß $\theta = 0$ bei $t = 0$ ist, können wir $\theta = \omega t$ schreiben. Der Ortsvektor von P ist dann

$$\boldsymbol{r} = a \cos \omega t\, \boldsymbol{i} + a \sin \omega t \boldsymbol{j},$$

und der Beschleunigungsvektor ist

$$\ddot{\boldsymbol{r}} = \frac{d^2 \boldsymbol{r}}{dt^2} = -a\omega^2 \cos \omega t\, \boldsymbol{i} - a\omega^2 \sin \omega t\, \boldsymbol{j}$$
$$= -\omega^2 \boldsymbol{r}.$$

Wenn wir die x-Komponente dieser Gleichung nehmen, erhalten wir

$$\ddot{x} = \frac{d^2 x}{dt^2} = -\omega^2 x,$$

Das ist die gesuchte Gleichung für die einfache harmonische Bewegung des Punktes Q.

2.2. Newtons *Bewegungsgesetze*

Ein *Teilchen* ist eine Materiemenge, deren Ausdehnung vernachlässigbar ist, so daß seine Lage durch einen einzigen Vektor $\boldsymbol{r}$ bestimmt werden kann, seinen Ortsvektor bezüglich eines fixierten Ursprungs O. Mit jedem Teilchen ist eine positive Konstante m, seine *Masse*, verknüpft, die als Maß für die Materiemenge in dem Teilchen dient.

Wenn zu einem gegebenen Zeitpunkt der Geschwindigkeitsvektor eines Teilchens gleich $\dot{\boldsymbol{r}}$ ist, dann wird der Vektor

$$\boldsymbol{p} = m\dot{\boldsymbol{r}} \tag{11}$$

Impuls des Teilchens genannt.

NEWTONS *Bewegungsgesetze* beschreiben die Bewegung eines Teilchens und dienen dazu, den Begriff der *Kraft* einzuführen. Die Gesetze von NEWTON können wie folgt formuliert werden.

(1) Ein Teilchen verharrt in seinem Zustand der Ruhe oder der gleichförmigen Bewegung auf einer geraden Linie, solange keine Kraft einwirkt.

(2) Die Impulsänderung ist proportional der einwirkenden Kraft und erfolgt in Richtung der Kraft.

(3) Aktion und Reaktion sind betragsgemäß gleich und entgegengesetzt richtig.

Der Leser möge eine vollständige Erläuterung dieser Gesetze und ihrer Anwendungen in Lehrbüchern der Mechanik nachlesen.

Wir wollen mit $\boldsymbol{F}$ die Kraft bezeichnen, die auf ein Teilchen mit der Masse m an dem Punkt wirkt, dessen Ortsvektor bezüglich O gleich $\boldsymbol{r}$ ist. Dann kann das zweite NEWTONsche Gesetz in geeigneten Einheiten als

$$\boldsymbol{F} = \dot{\boldsymbol{p}} \tag{12}$$

geschrieben werden, oder, da m eine Konstante ist,

$$\boldsymbol{F} = m\ddot{\boldsymbol{r}}. \tag{13}$$

Wenn eine Komponente von $\boldsymbol{F}$ in einer bestimmten Richtung verschwindet, dann ist die entsprechende Komponente von $\boldsymbol{p}$ zeitlich konstant. Wir sagen, daß die Komponente von $\boldsymbol{p}$ in der gegebenen Richtung erhalten bleibt, und wir reden von einem *Impulserhaltungssatz.*

Beispiel 4. Ein NEWTONsches Teilchen P wird mit der Geschwindigkeit $\boldsymbol{v}$ unter einem Winkel α in bezug auf den Horizont abgeschossen und bewegt sich unter dem Einfluß der Schwerkraft, von der man annimmt, daß sie vertikal nach unten wirkt und daß sie einen konstanten Betrag g pro Masseneinheit hat. Bestimme den Weg von P.

Wir wollen die rechtwinkligen kartesischen Koordinatenachsen OX horizontal und OY vertikal einführen und die Einheitsvektoren in diesen beiden Richtungen mit $\boldsymbol{i}$ bzw. $\boldsymbol{j}$ bezeichnen.

Das zweite NEWTONsche Gesetz lautet dann

$$\ddot{\boldsymbol{r}} = -g\boldsymbol{j},$$
$$\boldsymbol{r} = x\boldsymbol{i} + y\boldsymbol{j}.$$

Durch Integration erhalten wir

$$\dot{\boldsymbol{r}} = -gt\boldsymbol{j} + \boldsymbol{c},$$

dabei ist $\boldsymbol{c}$ ein konstanter Vektor (es ist leicht zu zeigen, daß die Ableitung eines konstanten Vektors Null ist). Bei $t = 0$ ist

$$\dot{\boldsymbol{r}} = v \cos \alpha \boldsymbol{i} + v \sin \alpha \boldsymbol{j},$$

so daß

$$\boldsymbol{c} = v \cos \alpha \boldsymbol{i} + v \sin \alpha \boldsymbol{j}$$

ist.

Wir haben deshalb

$$\dot{\boldsymbol{r}} = (v \sin \alpha - gt)\boldsymbol{j} + v \cos \alpha \boldsymbol{i}$$

und

$$\boldsymbol{r} = (v \sin \alpha t - \tfrac{1}{2} gt^2)\boldsymbol{j} + v \cos \alpha\, t\boldsymbol{i},$$

wenn wir $\boldsymbol{r} = 0$ bei $t = 0$ wählen. Mit Hilfe von x und y kann unser Ergebnis als

$$x = v \cos \alpha t,$$
$$y = (v \sin \alpha t - \tfrac{1}{2} gt^2)$$

geschrieben werden, woraus man durch Elimination von t die Parabel

$$y = x \tan \alpha - g \sec^2 \alpha x^2/2v^2$$

erhält.

Beispiel 5. Ein NEWTONsches Teilchen hat die Masse m_i und befindet sich an dem Punkt, dessen Ortsvektor bezüglich eines passenden Ursprungs gleich $\boldsymbol{r}_i$ ist. Gib eine Gleichung an, die die Beschleunigung des Teilchens bestimmt, wenn es einer Kraft $\boldsymbol{F}_i$ unterworfen wird.

Zeige, daß sich der Massenmittelpunkt eines Systems von n solchen Teilchen so bewegt, als ob er ein NEWTONsches Teilchen der Masse

$$M = \sum_{i=1}^{n} m_i$$

wäre, auf das eine Kraft

$$\boldsymbol{F} = \sum_{i=1}^{n} \boldsymbol{F}_i$$

wirkt.

Vorausgesetzt, daß die Kräfte $\boldsymbol{F}_i$ nur von der gegenseitigen Anziehung der Teilchen herrühren, zeige, daß sich ihr Massenzentrum mit einer bestimmten Richtung mit konstanter Geschwindigkeit bewegt. Die Bewegungsgleichung des i-ten Teilchens ist

$$\boldsymbol{F}_i = m_i \ddot{\boldsymbol{r}}_i .$$

Es folgt, daß

$$\boldsymbol{F} = \sum_{i=1}^{n} \boldsymbol{F}_i = \sum_{i=1}^{n} m_i \ddot{\boldsymbol{r}}_i \tag{14}$$

gilt.

Der Ortsvektor $\boldsymbol{r}_0$ des *Schwerpunktes* oder Massenzentrums wird definiert als der *gewichtete Mittelpunktsvektor* der Vektoren $\boldsymbol{r}_i$ mit den Gewichten m_i:

$$\begin{aligned} \boldsymbol{r}_0 &= \sum_{i=1}^{n} m_i \boldsymbol{r}_i / \sum_{i=1}^{n} m_i \\ &= \sum_{i=1}^{n} m_i \boldsymbol{r}_i / M , \end{aligned}$$

wobei

$$M = \sum_{i=1}^{n} m_i$$

ist. Der Leser möge die obige Definition des Schwerpunktes mit Gleichung (19) in 1.3. vergleichen.

Wir erhalten also

$$M\boldsymbol{r}_0 = \sum_{i=1}^{n} m_i \boldsymbol{r}_i .$$

Daraus erhält man durch zweimalige Differentiation nach der Zeit

$$M\ddot{\boldsymbol{r}}_0 = \sum_{i=1}^{n} m_i \ddot{\boldsymbol{r}}_i . \tag{15}$$

Durch Vergleich von (14) und (15) erhalten wir

$$\boldsymbol{F} = M\ddot{\boldsymbol{r}}_0 ,$$

d. h., der Schwerpunkt bewegt sich, als ob er ein NEWTONsches Teilchen mit der Masse M unter dem Einfluß einer Kraft $\boldsymbol{F}$ sei.

Wenn die Kräfte $\boldsymbol{F}_i$ nur durch die gegenseitige Anziehung der Teilchen bedingt sind, folgt aus dem dritten NEWTONschen Gesetz, daß $\boldsymbol{F} = 0$ ist (die Kraft des i-ten Teilchens, die es auf das j-te Teilchen ausübt, ist betragsmäßig gleich und entgegengesetzt zu der gerichtet, die das j-te auf das i-te ausübt).

Es ist also

$$M\ddot{\boldsymbol{r}}_0 = \boldsymbol{0} ,$$

und wir können ableiten, daß $M\dot{\boldsymbol{r}}_0$ ein konstanter Vektor ist.

Das ist natürlich einfach eine Festlegung, daß der gesamte Impuls eines Systems, auf das keine äußere Kraft wirkt, eine Größe ist, die erhalten bleibt.

Beispiel 6. In dem Zeitintervall (t_1, t_2) ändert sich der Impuls $\boldsymbol{p}$ eines Teilchens von $\boldsymbol{p}_1$ auf $\boldsymbol{p}_2$. Zeige, daß die Impulsänderung $\boldsymbol{p}_2 - \boldsymbol{p}_1$ gleich der über das Zeitintervall (t_1, t_2) gemittelten Kraft ist, d. h.,

$$\boldsymbol{p}_2 - \boldsymbol{p}_1 = \overline{\boldsymbol{F}}(t_2 - t_1) , \tag{16}$$

wenn die auf das Teilchen zur Zeit t wirkende Kraft mit $\boldsymbol{F}$ bezeichnet wird.

$$\overline{\boldsymbol{F}} = \int_{t_1}^{t_2} \boldsymbol{F}\,dt \Big/ \int_{t_1}^{t_2} dt$$

wird als *zeitlicher Mittelwert* der Kraft $\boldsymbol{F}$ in dem Zeitintervall (t_1, t_2) bezeichnet.

Das gewünschte Ergebnis folgt unmittelbar aus dem zweiten NEWTONschen Gesetz in der Form (12).

Wenn das Zeitintervall so kurz ist, daß $\boldsymbol{F}$ während des Intervalls effektiv konstant bleibt, kann das Ergebnis als

$$\delta \boldsymbol{p} = \boldsymbol{F}\delta t \tag{17}$$

geschrieben werden, wobei $\delta \boldsymbol{p}$ die Impulsänderung in dem Intervall δt ist.

Beispiel 7. Ein Körper hat die Masse M, die sich zeitlich wegen der Addition von Teilchen verändert, die sich zu dem Zeitpunkt der Vereinigung von Teilchen und Körper mit der Geschwindigkeit $\boldsymbol{p}$ bewegen. Vorausgesetzt, daß zu der Zeit t der Schwerpunkt des Körpers die Geschwindigkeit $\boldsymbol{v}$ hat und das System einer Kraft $\boldsymbol{F}$ unterliegt, zeige, daß

$$(\boldsymbol{v} - \boldsymbol{u})\frac{dM}{dt} + M\frac{d\boldsymbol{v}}{dt} = \boldsymbol{F} \tag{18}$$

gilt.

Wir wollen ein Zeitintervall δt betrachten, in dem sich die Masse des Körpers von M in $M + \delta M$ ändert, während seine Geschwindigkeit von $\boldsymbol{v}$ zu $\boldsymbol{v} + \delta \boldsymbol{v}$ variiert. Aus den Betrachtungen von Beispiel 5 wird klar, daß wir für sehr kleine t den Prozeß, der in Abb. 19a und 19b dargestellt ist, als Vereinigung von zwei NEWTONschen Teilchen mit den Massen M und δM betrachten können. Aus Gleichung (17) von Beispiel 6 folgt, daß

$$(M + \delta M)(\boldsymbol{v} + \delta \boldsymbol{v}) - M\boldsymbol{v} - \delta M \boldsymbol{u} = \boldsymbol{F}\delta t,$$

d. h.,

$$(\boldsymbol{v} - \boldsymbol{u})\frac{\delta M}{\delta t} + M\frac{\delta \boldsymbol{v}}{\delta t} + \frac{\delta M}{\delta t}\delta \boldsymbol{v} = \boldsymbol{F}$$

ist, woraus für den Grenzfall $\delta t \to 0$ das gesuchte Ergebnis folgt.

Der Leser sollte beachten, daß sich im Falle $\boldsymbol{u} \doteq \mathbf{0}$ (oder konstantem M) Gleichung (18) auf

$$\frac{d\boldsymbol{P}}{dt} = \boldsymbol{F}, \quad \boldsymbol{P} = M\boldsymbol{v}$$

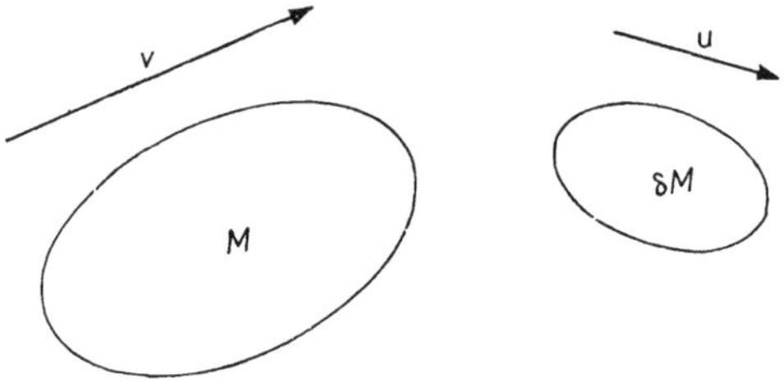

Abb. 19a

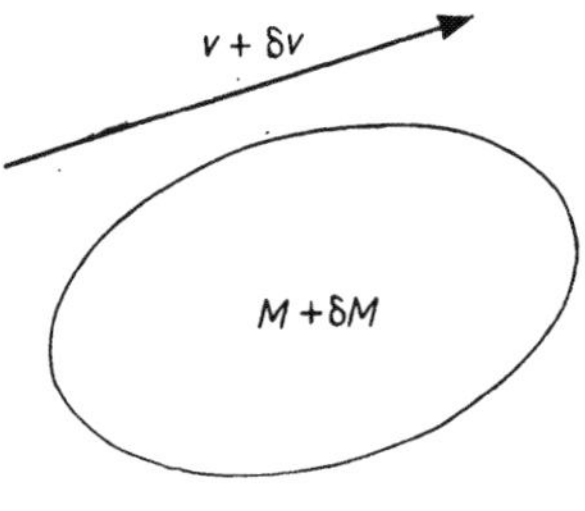

Abb. 19b

reduziert, während bei $\boldsymbol{u} = \boldsymbol{v}$ (oder konstantem M) Gleichung (18) in

$$M\frac{d\boldsymbol{v}}{dt} = \boldsymbol{F}$$

übergeht.

Übungen 2

1. Zeige, daß der geometrische Ort von

$$\boldsymbol{r} = a \cos \theta \boldsymbol{i} + b \sin \theta \boldsymbol{j},$$

wobei θ ein reeller Parameter und a und b Konstanten sind, eine Ellipse in der Ebene $z = 0$ ist.

2. Zeige, daß der geometrische Ort von

$$\boldsymbol{r} = a \cos \theta \boldsymbol{i} + a \sin \theta \boldsymbol{j} + b \theta \boldsymbol{k},$$

wobei θ ein reeller Parameter und a und b Konstanten sind, eine Schraubenkurve mit dem Radius a und der Steigung b ist; dabei gilt

$$\alpha = \tan^{-1} b/a.$$

3. Zeige, daß der geometrische Ort von

$$\boldsymbol{r} = \sinh \theta \cos \varphi \boldsymbol{i} + \sinh \theta \sin \varphi \boldsymbol{j} + \cosh \theta \boldsymbol{k},$$

wobei θ und φ reelle Parameter sind, das zweischalige Rotationshyperboloid

$$z^2 = 1 + x^2 + y^2$$

ist.

4. Die Ortsvektoren eines Teilchens bezüglich des Ursprungs O und eines anderen Ursprungs O' seien $\boldsymbol{r}$ bzw. $\boldsymbol{r}'$. Vorausgesetzt, daß dem Bezugssystem, das O als Ursprung hat, die Bewegung des Teilchesn durch die NEWTONsche Gleichung (13)

$$m\ddot{\boldsymbol{r}} \doteq \boldsymbol{F}$$

bestimmt wird, zeige, daß die entsprechende Gleichung in dem Bezugssystem mit dem Ursprung O' gleich

$$m\ddot{\boldsymbol{r}}' = \boldsymbol{F} - m\ddot{\boldsymbol{a}}$$

ist, wobei

$$\overrightarrow{OO'} = \boldsymbol{a}$$

gilt.

Beweise, daß die NEWTONsche Gleichung (13) gegenüber der GALILEI*schen Koordinatentransformation*

$$\boldsymbol{r}' = \boldsymbol{r} - \boldsymbol{v}t$$

invariant ist (ihre Form nicht verändert), wobei $\boldsymbol{v}$ ein konstanter Vektor ist.

(*Antwort*: Die Form des NEWTONschen Gesetzes wird in den beiden Koordinatensystemen nur dann die gleiche sein, wenn $\ddot{\boldsymbol{a}} = \boldsymbol{0}$ ist.)

5. Ein Teilchen wird mit der Geschwindigkeit $\boldsymbol{v}$ unter einem Winkel α zum Horizont abgeschossen und bewegt sich unter dem Einfluß der Schwerkraft in einem Medium, das der Bewegung einen Widerstand von $k\boldsymbol{v}$ pro Masseeinheit entgegensetzt, dabei ist $\boldsymbol{v}$ die Geschwindigkeit des Teilchens zur Zeit t, und k ist eine positive Konstante.

Zeige, daß in dem Koordinatensystem von Beispiel 4 der Weg des Teilchens durch

$$\boldsymbol{r} = (1 - e^{-kt}) \left\{ \left(\frac{v \cos \alpha}{k} \right) \boldsymbol{i} + \left(\frac{v \sin \alpha}{k} + \frac{g}{k^2} \right) \boldsymbol{j} \right\} - \frac{gt}{k} \boldsymbol{j}$$

beschrieben wird. Beweise, daß $x \to v \cos \alpha / k$, falls $t \to \infty$ geht.

6. Ein Teilchen, dessen Masse durch Kondensation von Feuchtigkeit einen konstanten zeitlichen Zuwachs von m_0/τ hat, wobei m_0 die Anfangsmasse des Teilchens und τ eine positive Konstante ist, bewegt sich frei unter dem Einfluß der Schwerkraft. Das Teilchen wurde von dem Ursprung O eines rechtwinkligen Koordinatensystems (x, y) mit der Geschwindigkeit $\boldsymbol{v}$ unter einem Winkel α zu der horizontalen x-Achse abgeschossen; die y-Achse wird senkrecht nach oben gerichtet, und die Teilchenbahn liegt in der Ebene Oxy. Beweise, daß die Koordinaten

des Teilchens durch

$$x = v\tau \cos\alpha \log(m/m_0),$$
$$y = \tfrac{1}{4} g\tau^2(1 - m^2/m_0^2) + (v\tau \sin\alpha + \tfrac{1}{2} g\tau^2) \log(m/m_0)$$

gegeben sind, wenn m seine Masse ist.

Zeige ebenfalls, daß bei $\alpha > 0$ die von dem Teilchen erreichte maximale Höhe

$$\tfrac{1}{2}(v\tau \sin\alpha + \tfrac{1}{2} g\tau^2) \log(1 + 2v \sin\alpha/g\tau) - \tfrac{1}{2} v\tau \sin\alpha$$

ist.
(*Hinweis*: siehe Beispiel 7.)

3. Skalarprodukte

3.1. Das innere Produkt

Mit der infinitesimalen Verschiebung $\delta\boldsymbol{r}$ eines Punktes durch die Einwirkung einer Kraft $\boldsymbol{F}$ ist der Skalar $F\,\delta r \cos\theta$ (wobei θ der Winkel zwischen $\boldsymbol{F}$ und $\delta\boldsymbol{r}$ ist) knüpft, der die durch die Kraft $\boldsymbol{F}$ bei der Verschiebung $\delta\boldsymbol{r}$ geleistete *Arbeit* genannt wird.

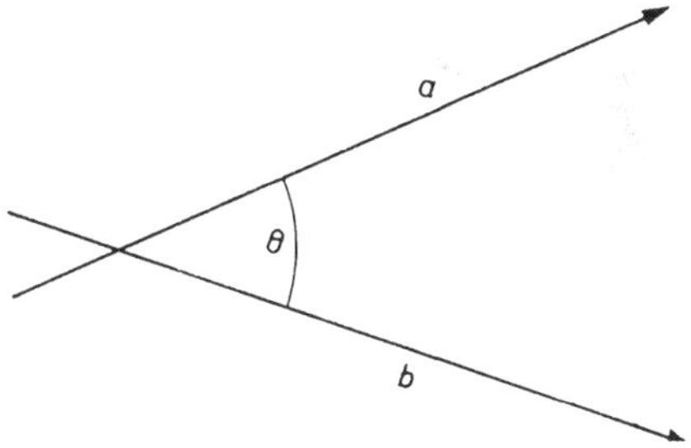

Abb. 20

Es ist üblich, das *skalare Produkt* oder *innere Produkt* von zwei Vektoren $\boldsymbol{a}$ und $\boldsymbol{b}$ durch $ab \cos\theta$ zu definieren (dabei ist θ der Winkel zwischen $\boldsymbol{a}$ und $\boldsymbol{b}$). Wir werden dieses Produkt als

$$\boldsymbol{a} \cdot \boldsymbol{b} = ab \cos\theta \tag{1}$$

schreiben.

In dieser Schreibweise ist die durch die Kraft $\boldsymbol{F}$ bei der Verschiebung $\delta\boldsymbol{r}$ geleistete Arbeit $\boldsymbol{F} \cdot \delta\boldsymbol{r}$.

Es folgt unmittelbar aus der Definition (1), daß der Prozeß der skalaren Multiplikation in dem Sinne kommutativ ist, daß

$$\boldsymbol{a} \cdot \boldsymbol{b} = \boldsymbol{b} \cdot \boldsymbol{a} \tag{2}$$

gilt. Der Prozeß ist weiterhin in dem Sinne distributiv, daß für beliebige Vektoren $\boldsymbol{a}$, $\boldsymbol{b}$, $\boldsymbol{c}$

$$\boldsymbol{a} \cdot (\boldsymbol{b} + \boldsymbol{c}) = \boldsymbol{a} \cdot \boldsymbol{b} + \boldsymbol{a} \cdot \boldsymbol{c} \tag{3}$$

gilt. Dieses Ergebnis wird durch geometrische Betrachtungen klar. Mit der in Abb. 21 benutzten Bezeichnungsweise ist $\boldsymbol{a} \cdot (\boldsymbol{b} + \boldsymbol{c}) = a|b + c| \cos\psi$, $\boldsymbol{a} \cdot \boldsymbol{b} = ab \cos\theta$ und $\boldsymbol{a} \cdot \boldsymbol{c} = ac \cos\varphi$, und die Richtigkeit der Annahme (3) wird unmittelbar deutlich.

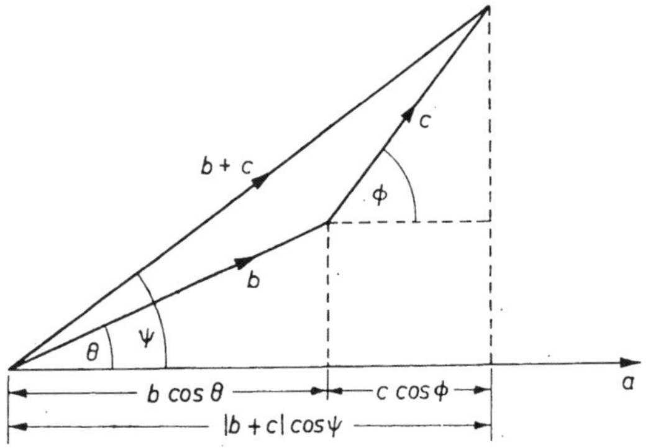

Abb. 21

Das Skalarprodukt eines Vektors $\boldsymbol{a}$ mit sich selbst liefert das Quadrat des Betrages von $\boldsymbol{a}$

$$\boldsymbol{a} \cdot \boldsymbol{a} = |\boldsymbol{a}|^2 = a^2. \tag{4}$$

Wenn das Skalarprodukt von zwei Vektoren $\boldsymbol{a}$ und $\boldsymbol{b}$ verschwindet, d. h.

$$\boldsymbol{a} \cdot \boldsymbol{b} = 0 \tag{5}$$

ist, dann gibt es drei Möglichkeiten: Entweder ist (1) $\boldsymbol{a} = \boldsymbol{0}$ oder (2) $\boldsymbol{b} = \boldsymbol{0}$ oder (3) $\boldsymbol{a}$ und $\boldsymbol{b}$ sind zueinander senkrecht ($\cos 90° = 0$).

Beispiel 1. Suche den allgemeinsten Vektor $\boldsymbol{x}$, der die Gleichung

$$\boldsymbol{a} \cdot \boldsymbol{x} = \boldsymbol{a} \cdot \boldsymbol{b}, \ \boldsymbol{a} \neq \boldsymbol{0}$$

befriedigt.

Wir haben

$$\boldsymbol{a} \cdot (\boldsymbol{x} - \boldsymbol{b}) = \boldsymbol{0},$$

so daß entweder $\boldsymbol{x} = \boldsymbol{b}$ oder $\boldsymbol{a}$ senkrecht zu $\boldsymbol{x} - \boldsymbol{b}$ ist. Wir können somit annehmen, daß

$$\boldsymbol{x} = \boldsymbol{b} + \boldsymbol{c}$$

gilt, wobei $\boldsymbol{c}$ ein beliebiger Vektor (eventuell Null) senkrecht zu $\boldsymbol{a}$ ist.

Es ist wichtig, daß wir die verschiedenen Skalarprodukte zwischen den Vektoren $\boldsymbol{i}, \boldsymbol{j}, \boldsymbol{k}$ bestimmen. Wir erhalten

$$\begin{aligned} \boldsymbol{i} \cdot \boldsymbol{i} = \boldsymbol{j} \cdot \boldsymbol{j} = \boldsymbol{k} \cdot \boldsymbol{k} = 1, \\ \boldsymbol{i} \cdot \boldsymbol{j} = \boldsymbol{j} \cdot \boldsymbol{k} = \boldsymbol{k} \cdot \boldsymbol{i} = 0. \end{aligned} \tag{6}$$

Beispiel 2. Zeige, daß

$$\begin{aligned} \boldsymbol{x} \cdot \boldsymbol{y} &= x_1 y_1 + x_2 y_2 + x_3 y_3, \\ \boldsymbol{x} \cdot \boldsymbol{x} &= x_1{}^2 + x_2{}^2 + x_3{}^2 \end{aligned}$$

gilt, wenn $\boldsymbol{x} = x_1 \boldsymbol{i} + x_2 \boldsymbol{j} + x_3 \boldsymbol{k}$, $\boldsymbol{y} = y_1 \boldsymbol{i} + y_2 \boldsymbol{j} + y_3 \boldsymbol{k}$. Diese Ergebnisse folgen trivialerweise aus Gleichung (6).

Wenn wir einen Vektor $\boldsymbol{a}$ haben, ist es immer möglich, ihn in zwei Komponentenvektoren $\boldsymbol{b}$ und $\boldsymbol{a} - \lambda\boldsymbol{b}$ zu zerlegen, dabei ist $\boldsymbol{b}$ ein gegebener Vektor und λ ein Skalar (Abb. 22). Von besonderem Interesse ist der Fall, wenn die zwei Komponentenvektoren einen rechten Winkel miteinander bilden. Bei Problemen der Kinematik und der

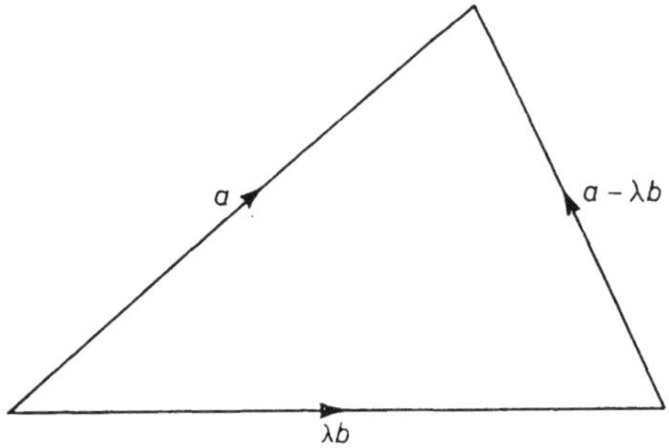

Abb. 22

Dynamik ist es oft interessant, die Geschwindigkeiten, Kräfte usw. in Paare von orthogonalen Komponentenvektoren zu zerlegen. In solchen Fällen müssen wir λ so wählen, daß

$$\lambda\boldsymbol{b} \cdot (\boldsymbol{a} - \lambda\boldsymbol{b}) = 0,$$

d. h.,

$$\lambda\boldsymbol{a} \cdot \boldsymbol{b} - \lambda^2 b^2 = 0$$

oder

$$\lambda = \boldsymbol{a} \cdot \boldsymbol{b}/b^2, \quad \lambda \neq 0 \tag{7}$$

ist. Der Komponentenvektor von $\boldsymbol{a}$ in Richtung des Vektors $\boldsymbol{b}$ ist

$$(\boldsymbol{a} \cdot \hat{\boldsymbol{b}})\, \hat{\boldsymbol{b}}, \tag{8}$$

wobei $\hat{\boldsymbol{b}} = \boldsymbol{b}/b$ der Einheitsvektor parallel zu $\boldsymbol{b}$ ist. Die Komponente von $\boldsymbol{a}$ senkrecht zu $\boldsymbol{b}$ ist dann

$$\boldsymbol{a} - (\boldsymbol{a} \cdot \hat{\boldsymbol{b}})\, \hat{\boldsymbol{b}}. \tag{9}$$

Beispiel 3. Zerlege den Vektor $\boldsymbol{i} + 3\boldsymbol{j} + \boldsymbol{k}$ in zwei Komponentenvektoren, einen parallel und einen senkrecht zu dem Vektor $\boldsymbol{i} - \boldsymbol{j}$.

Es sei $\boldsymbol{a} = \boldsymbol{i} + 3\boldsymbol{j} + \boldsymbol{k}$ und $\boldsymbol{b} = \boldsymbol{i} - \boldsymbol{j}$. Dann gilt

$$\hat{\boldsymbol{b}} = (\boldsymbol{i} - \boldsymbol{j})/\sqrt{2},$$

so daß

$$\boldsymbol{a} \cdot \hat{\boldsymbol{b}} = -\sqrt{2}$$

ist. Die gesuchten Komponentenvektoren sind $\boldsymbol{j} - \boldsymbol{i}$ und $2\boldsymbol{i} + 2\boldsymbol{j} + \boldsymbol{k}$.

3.2. Änderung der Vektorbasis[1])

Koordinatentransformationen interessieren in allen Zweigen der mathematischen Physik sehr. Insbesondere ist die Transformation von einem System von rechtwinkligen kartesischen Koordinaten in ein zweites ebensolches System sehr wichtig.

$\boldsymbol{u}_1, \boldsymbol{u}_2, \boldsymbol{u}_3$ möge ein rechtshändiges System von gegenseitig orthogonalen Einheitsvektoren sein. Dann gilt

$$\boldsymbol{u}_i \cdot \boldsymbol{u}_j = \begin{cases} 0, & \text{wenn } i \neq j, \\ 1, & \text{wenn } i = j. \end{cases} \tag{10}$$

Wir werden

$$\boldsymbol{u}_i \cdot \boldsymbol{u}_j = \delta_{ij} \tag{11}$$

schreiben wobei

$$\delta_{ij} = \begin{cases} 0, & \text{wenn } i \neq j, \\ 1, & \text{wenn } i = j \end{cases} \tag{12}$$

ist. Das Symbol δ_{ij} wird allgemein als Kronecker*sches Deltasymbol* bezeichnet.

[1]) Dieser Abschnitt kann beim ersten Lesen übergangen werden.

$\boldsymbol{v}$ möge ein beliebiger Vektor sein, und wir wollen $\boldsymbol{v}$ nach den gegebenen Vektoren $\boldsymbol{u}_i$ als Basis entwickeln

$$\boldsymbol{v} = v_1 \boldsymbol{u}_1 + v_2 \boldsymbol{u}_2 + v_3 \boldsymbol{u}_3 \tag{13}$$

$$= \sum_{i=1}^{3} v_i \boldsymbol{u}_i . \tag{14}$$

Ein Sinn der Vektorrechnung besteht darin, Manipulationen in drei Dimensionen zu erleichtern und eine kurze und praktische Bezeichnungsweise für die Gleichungen zu liefern, die solche Manipulationen beschreiben (wir erinnern daran, daß eine Vektorgleichung äquivalent zu drei Skalargleichungen ist). Wenn man Vektoren (wie in Gleichung (13)) mit Hilfe der drei Komponentenvektoren ausschreibt, wird viel von dem verschwendet, was man an kurzer Schreibweise gewonnen hat. Sogar dann, wenn man ein Summationssymbol benutzt (wie in Gleichung (14)), sieht man nicht ohne weiteres ein, daß man durch die Vektoren sehr viel Zeit spart. Um möglichst ökonomisch zu schreiben, führt man eine *Summenkonvention* ein, die einfach besagt, daß über Indizes, die doppelt auftreten (so wie i in Gleichung (14)), über die Werte 1, 2, 3 zu summieren ist. Solche Indizes werden *Scheinindizes* genannt, weil es vollkommen unwichtig ist, welcher Buchstabe benutzt wird. In dieser Bezeichnungsweise können die Gleichungen (13) und (14) geschrieben werden als

$$\boldsymbol{v} = v_i \boldsymbol{u}_i . \tag{15}$$

Die Tatsache, daß der Index i doppelt auftritt, bedeutet eine Summation über die Werte $i = 1, 2, 3$.

Beispiel 4. Benutze die Indexschreibweise und die Summenkonvention, um Ausdrücke für die Skalarprodukte $\boldsymbol{ab}$ und $\boldsymbol{cd}$ aufzuschreiben. Bilde einen ähnlichen Ausdruck für das Produkt $(\boldsymbol{a} \cdot \boldsymbol{b})\,(\boldsymbol{c} \cdot \boldsymbol{d})$.

In einer einleuchtenden Schreibweise haben wir

$$\begin{aligned} \boldsymbol{a} \cdot \boldsymbol{b} &= a_1 b_1 + a_2 b_2 + a_3 b_3 \\ &= a_i b_i . \end{aligned}$$

In ähnlicher Weise können wir schreiben

$$\begin{aligned} \boldsymbol{c} \cdot \boldsymbol{d} &= c_i d_i \\ &= c_j d_j \end{aligned}$$

bzw.

$$(\boldsymbol{a} \cdot \boldsymbol{b})(\boldsymbol{c} \cdot \boldsymbol{d}) = a_i b_i c_j d_j ,$$

wobei es in der letzten Gleichung wesentlich ist, daß zwei verschiedene Scheinindizes benutzt werden, um eine Verwechslung zwischen den zwei verschiedenen Summen zu vermeiden.

Beispiel 5. Benutze die Indexschreibweise und die Summenkonvention, um Ausdrücke der Form

$$a_i \delta_{ij} \quad \text{und} \quad a_j \delta_{ij}$$

zu interpretieren.

Im ersten Fall erhalten wir, wenn wir die Summe voll ausschreiben,

$$\begin{aligned} a_i \delta_{ij} &= a_1 \delta_{1j} + a_2 \delta_{2j} + a_3 \delta_{3j} \\ &= \begin{cases} a_1, & \text{wenn } j = 1, \\ a_2, & \text{wenn } j = 2, \\ a_3, & \text{wenn } j = 3, \end{cases} \\ &= a_j . \end{aligned}$$

Im zweiten Fall haben wir aber

$$\begin{aligned} \delta_{ii} &= \delta_{11} + \delta_{22} + \delta_{33} \\ &= 3 , \end{aligned}$$

so daß

$$a_j \delta_{ii} = 3 a_j$$

ist.

Wir wollen nun annehmen, daß wir ein zweites rechtshändiges System von gegenseitig orthogonalen Einheitsvektoren $\boldsymbol{u}_1'$, $\boldsymbol{u}_2'$, $\boldsymbol{u}_3'$ haben. Da sie ein unabhängiges System bilden, können wir schreiben

$$\boldsymbol{u}_i = a_{i1}\boldsymbol{u}_1' + a_{i2}\boldsymbol{u}_2' + a_{i3}\boldsymbol{u}_3' \quad (i = 1, 2, 3)$$

oder unter Benutzung der Summenkonvention

$$\boldsymbol{u}_i = a_{ij}\boldsymbol{u}_j' \quad (i = 1, 2, 3). \tag{16}$$

Wir werden nun die Eigenschaften der neun Skalare a_{ij} $(i, j = 1, 2, 3)$, die in Gleichung (16) eingeführt wurden, untersuchen. Wir haben

$$\boldsymbol{u}_i \cdot \boldsymbol{u}_k = (a_{ij}\boldsymbol{u}_j') \cdot (a_{kl}\boldsymbol{u}_l'), \tag{17}$$

d. h.,

$$\delta_{ik} = a_{ij}a_{kl}\delta_{jl}, \tag{18}$$

da die beiden Systeme von Basisvektoren gegenseitig orthogonal sind. Wenn wir die Summation über l in Gleichung (18) ausführen, erhalten wir

$$\delta_{ik} = a_{ij}a_{kj}. \tag{19}$$

Wir haben also

$$\begin{aligned} \boldsymbol{u}_i \cdot \boldsymbol{u}_k' &= a_{ij}\boldsymbol{u}_j' \cdot \boldsymbol{u}_k' \\ &= a_{ij}\delta_{jk} \\ &= a_{ik}. \end{aligned} \tag{20}$$

Der Ausdruck auf der linken Seite von Gleichung (20) ist gerade der Kosinus des Winkels zwischen dem Einheitsvektor $\boldsymbol{u}_i$ und dem Einheitsvektor $\boldsymbol{u}_k'$. Das erlaubt uns, die neun Skalare a_{ik} geometrisch zu interpretieren $(i, k = 1, 2, 3)$.

Wir können natürlich die Koordinatentransformation von einem anderen Standpunkt betrachten. Wenn

$$\boldsymbol{u}_i' = b_{ij}\boldsymbol{u}_j \tag{16a}$$

ist, dann gilt

$$\delta_{ik} = b_{ij} b_{kj} \tag{19a}$$

und

$$\boldsymbol{u}_i' \cdot \boldsymbol{u}_k = b_{ik}. \tag{20a}$$

Durch Vergleich von Gleichung (10) und (20a) ist klar, daß

$$b_{ik} = a_{ki}, \tag{21}$$

so daß wir Gleichung (19) und (19a) in der Form

$$\delta_{ik} = a_{ij} a_{kj} = a_{ji} a_{jk} \tag{22}$$

oder, wenn wir $\tilde{a}_{ij} = a_{ji}$ setzen,

$$\delta_{ik} = a_{ij} \tilde{a}_{jk} = \tilde{a}_{ij} a_{jk} \tag{23}$$

schreiben können.

Wir wollen nun die Auswirkung der Koordinatentransformation auf den Vektor

$$\boldsymbol{x} = x_i \boldsymbol{u}_i \tag{24}$$

betrachten. Unter Benutzung von Gleichung (16) erhalten wir

$$\begin{aligned} \boldsymbol{x} &= x_i a_{ij} \boldsymbol{u}_j' \\ &= (a_{ij} x_i) \boldsymbol{u}_j' \qquad (25) \\ &= x_j' \boldsymbol{u}_j', \qquad (26) \end{aligned}$$

wobei

$$\begin{aligned} x_j' &= a_{ij} x_i \\ &= a_{ji} x_i \qquad (27) \end{aligned}$$

ist. Es ist klar, daß die inverse Transformation durch die Beziehung

$$\begin{aligned} x_j &= \tilde{a}_{ij} x_i' \\ &= a_{ji} x_i' \qquad (27a) \end{aligned}$$

beschrieben wird.

Beispiel 6. Das Skalarprodukt $\boldsymbol{x} \cdot \boldsymbol{y}$ von zwei Vektoren $\boldsymbol{x}$ und $\boldsymbol{y}$ ist invariant gegenüber Koordinatentransformationen von dem in diesem Abschnitt betrachteten Typ. In einer einleuchtenden Schreibweise haben wir

$$\begin{aligned}(\boldsymbol{x} \cdot \boldsymbol{y})' &= x_j' y_j' \\ &= a_{ij} x_i a_{kj} y_k \\ &= (a_{ij} a_{kj}) x_i y_k \\ &= \delta_{ik} x_i y_k, \text{ wegen Gleichung (22)} \\ &= x_i y_i, \text{ Summation über } k \\ &= \boldsymbol{x} \cdot \boldsymbol{y}.\end{aligned}$$

Der Leser sollte beachten, daß die neun Größen a_{ij} als Elemente einer 3×3-Matrix

$$A = [a_{ij}] = \begin{bmatrix} a_{11} & a_{12} & a_{13} \\ a_{21} & a_{22} & a_{32} \\ a_{31} & a_{32} & a_{33} \end{bmatrix} \tag{28}$$

betrachtet werden können. Die Gleichungen (22) und (23) können als

$$I = A\tilde{A} = \tilde{A}A \tag{29}$$

geschrieben werden, dabei ist

$$\tilde{A} = [\tilde{a}_{ij}] = [a_{ji}] = \begin{bmatrix} a_{11} & a_{21} & a_{31} \\ a_{12} & a_{22} & a_{23} \\ a_{13} & a_{23} & a_{33} \end{bmatrix} \tag{30}$$

die *transponierte Matrix* von A, und

$$I = [\delta_{ij}] = \begin{bmatrix} 1 & 0 & 0 \\ 0 & 1 & 0 \\ 0 & 0 & 1 \end{bmatrix} \tag{31}$$

ist die 3×3-*Einheitsmatrix*. Wenn man sich an die Regel „Zeile mal Spalte" für die Matrizenmultiplikation erinnert, kann man sich die Gleichungen (27) und (27a) als Matrixgleichungen

$$x' = \tilde{A}\, x, \tag{32}$$

$$x = A\, x' \tag{32a}$$

vorstellen, wobei x' und x die Spaltenmatrizen

$$\begin{bmatrix} x_1' \\ x_2' \\ x_3' \end{bmatrix} \text{ und } \begin{bmatrix} x_1 \\ x_2 \\ x_3 \end{bmatrix} \tag{33}$$

sind.

Die Menge der 3^n Größen $A_{ijk}(i, j, k = 1, 2, 3)$, die sich nach dem Gesetz

$$A'_{ijk\ldots} = a_{\alpha i} a_{\beta j} a_{\gamma k} \ldots A_{\alpha\beta\gamma\ldots} \tag{34}$$

transformieren, werden als Komponenten eines *kartesischen Tensors n-ter Stufe* bezeichnet. Skalare und Vektoren sind Beispiele von Tensoren nullter und erster Stufe. Die neun Größen δ_{ij} (Gleichung (12)) sind die Komponenten eines Tensors zweiter Stufe, der die gleichen Komponenten in jedem Koordinantensystem der Klasse von Systemen hat, die durch die erwähnten Transformationsgesetze zusammenhängen:

$$\begin{aligned} \delta'_{ij} &= a_{\alpha i} a_{\beta j} \delta_{\alpha\beta} \\ &= a_{\alpha i} a_{\alpha j} \\ &= \delta_{ij}. \end{aligned}$$

Aus diesem Grund wird er als *isotroper* Tensor bezeichnet; es kann gezeigt werden, daß es keinen anderen isotropen Tensor zweiter Stufe gibt.

Übungen 3

1. Berechne die Beträge und die Skalarprodukte der Vektoren

$$\boldsymbol{a} = \boldsymbol{i} + \boldsymbol{j} + 3\boldsymbol{k},$$
$$\boldsymbol{b} = 3\boldsymbol{i} + \boldsymbol{j} - \boldsymbol{k}.$$

(*Antwort*: $|\boldsymbol{a}| = |\boldsymbol{b}| = \sqrt{11}, \boldsymbol{a} \cdot \boldsymbol{b} = 1$)

2. Suche den Winkel zwischen den Vektoren $\boldsymbol{i} + \boldsymbol{j} + \boldsymbol{k}$ und $\boldsymbol{i} + 2\boldsymbol{j} + 2\boldsymbol{k}$.

(*Antwort*: $\cos^{-1} 5\sqrt{3}/9$)

3. Wiederhole die Aufgabe 9, Übungen 1, unter Benutzung des Begriffs des inneren Produktes, um die Orthogonalität festzustellen.

4. Zeige durch Betrachten der Vektorgleichung

$$\boldsymbol{a} = \boldsymbol{b} - \boldsymbol{c},$$

daß für jedes Dreieck ABC

$$\cos CAB = \frac{b^2 + c^2 - a^2}{2bc}$$

ist, wobei

$$\boldsymbol{a} = \overrightarrow{CB}, \quad \boldsymbol{b} = \overrightarrow{CA}, \quad \boldsymbol{c} = \overrightarrow{BA}$$

gilt.

5. Die Diagonalen AC und BD eines Parallelogramms $ABCD$ mögen durch die Vektoren

$$\boldsymbol{a} = \overrightarrow{AC}, \quad \boldsymbol{b} = \overrightarrow{BD}$$

dargestellt werden. Zeige, daß

$$\cos DAB = (a^2 - b^2)\{(a^2 + b^2)^2 - 4(\boldsymbol{a} \cdot \boldsymbol{b})^2\}^{-1/2}$$

ist.

6. Wenn I das Innenzentrum des Dreiecks ABC ist, dann folgt aus Aufgabe 10, Übungen 1, daß

$$2s(\overrightarrow{AI}) = b(\overrightarrow{AB}) + c(\overrightarrow{AC})$$

gilt, wobei $a = BC$, $b = CA$, $c = AB$ und $2s = a + b + c$ ist. Beweise, daß

$$b(\overrightarrow{AI}) \cdot (\overrightarrow{AB}) = c(\overrightarrow{AI}) \cdot (\overrightarrow{AC})$$

gilt.

7. Zeige, daß der Punkt P, dessen Ortsvektor $\boldsymbol{r}$ bezüglich eines Ursprungs O die Gleichung

$$(\boldsymbol{r} - \boldsymbol{a}) \cdot (\boldsymbol{r} - \boldsymbol{b}) = 0$$

erfüllt, auf einer Kugel liegt; dabei liegen die Punkte A und B, deren Ortsvektoren $\boldsymbol{a}$ und $\boldsymbol{b}$ sind, an den Enden eines Durchmessers.

8. Wir setzen voraus, daß $\boldsymbol{r}$ eine eindeutige Vektorfunktion der skalaren Variablen s ist und daß $d\boldsymbol{r}/ds$ existiert. Wenn $\boldsymbol{a}$ und $\boldsymbol{b}$ konstante Vektoren sind, suche die Ableitung von

(1) $\boldsymbol{a} \cdot \boldsymbol{r}$, (2) $\hat{\boldsymbol{r}} = \boldsymbol{r}/r$, (3) $\boldsymbol{a} \cdot \hat{\boldsymbol{r}}$, (4) $(\boldsymbol{a} \cdot \boldsymbol{r})(\boldsymbol{b} \cdot \boldsymbol{r})$,

(5) $r^2\boldsymbol{a}$, (6) $(\boldsymbol{a}\boldsymbol{r})\,\boldsymbol{r}$

nach s.

(*Antwort*: (1) $\boldsymbol{a} \cdot \boldsymbol{r}'$, (2) $r^{-1}\boldsymbol{r}' - r^{-2}r'\boldsymbol{r}$, (3) $r^{-1}\boldsymbol{a} \cdot \boldsymbol{r}' - r^{-2}r'\boldsymbol{a} \cdot \boldsymbol{r}$, (4) $(\boldsymbol{a} \cdot \boldsymbol{r}')(\boldsymbol{b} \cdot \boldsymbol{r}) + (\boldsymbol{a} \cdot \boldsymbol{r})(\boldsymbol{r} \cdot \boldsymbol{b}')$, (5) $2rr'\boldsymbol{a}$ (6) $(\boldsymbol{a} \cdot \boldsymbol{r}')\boldsymbol{r} + (\boldsymbol{a} \cdot \boldsymbol{r})\boldsymbol{r}'$, wobei der Strich die Ableitung nach s bedeutet).

9. Benutze die Indexschreibweise und die Summenkonvention, um die in Aufgabe 8 aufgezählten verschiedenen Funktionen auszudrücken.

(*Antwort*: (1) $a_i r_i$, (2) $r_i/(r_j r_j)^{1/2}$ $(i = 1, 2, 3)$, (3) $a_i r_i/r_j r_j)^{1/2}$, (4) $a_i r_i b_j r_j$, (5) $r_i r_i a_j$ $(j = 1, 2, 3)$, (6) $a_i r_i r_j$, $(j = 1, 2, 3)$)

10. Zeige, daß die Determinante der in Gleichung (28) gegebenen Matrix gleich Eins ist.

4. Vektorprodukte

4.1. Das Kreuzprodukt[1])

Wir nehmen an, daß wir eine Kraft $\boldsymbol{F}$ haben, die auf einen Punkt wirkt, dessen Ortsvektor bezüglich eines Ursprungs O gleich $\boldsymbol{r}$ ist. Das *Moment* der Kraft $\boldsymbol{F}$ um O ist definiert als der Vektor

$$\boldsymbol{\Gamma} = rF \sin \theta \boldsymbol{n}, \tag{1}$$

dabei ist θ der kleinere Winkel zwischen $\boldsymbol{F}$ und $\boldsymbol{r}$, und $\boldsymbol{n}$ ist der Einheitsvektor in einer Richtung senkrecht zu $\boldsymbol{r}$

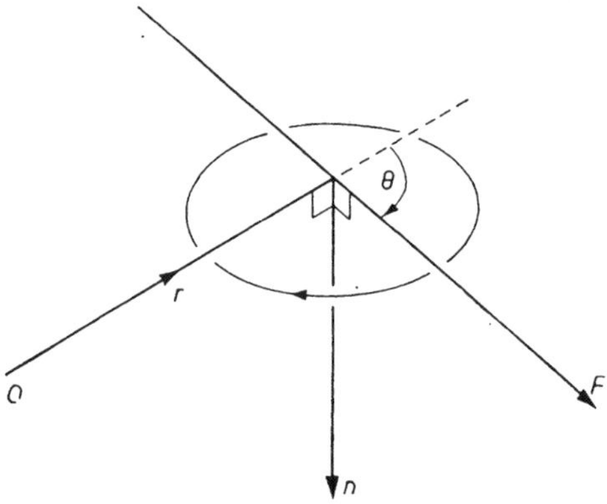

Abb. 23

[1]) In der deutschen Literatur manchmal auch als äußeres Produkt im Gegensatz zum inneren Produkt bezeichnet (Anm. d. Übers.).

und $\boldsymbol{F}$ in dem in Abb. 23 dargestelltem Sinn, d. h., der Sinn der Drehung von $\boldsymbol{r}$ in $\boldsymbol{F}$ um $\boldsymbol{n}$ ist der einer Rechtsschraube.

Das *Vektorprodukt* oder *Kreuzprodukt* von zwei Vektoren $\boldsymbol{a}$ und $\boldsymbol{b}$ ist definiert als der Vektor

$$ab \sin \theta \boldsymbol{n}, \tag{2}$$

wobei θ der kleinere Winkel zwischen $\boldsymbol{a}$ und $\boldsymbol{b}$ ist, $\boldsymbol{n}$ ist ein Einheitsvektor in einer sowohl zu $\boldsymbol{a}$ als auch zu $\boldsymbol{b}$ senkrechten Richtung in dem Sinn, der in Abb. 24 angedeutet ist, d. h., die Drehung von $\boldsymbol{a}$ nach $\boldsymbol{b}$ um $\boldsymbol{n}$ hat den Sinn einer Rechtsschraube. Wir werden schreiben

$$\boldsymbol{a} \times \boldsymbol{b} = ab \sin \theta \boldsymbol{n}. \tag{3}$$

Manchmal wird die Bezeichnung $\boldsymbol{a} \wedge \boldsymbol{b}$ anstelle von $\boldsymbol{a} \times \boldsymbol{b}$ benutzt.

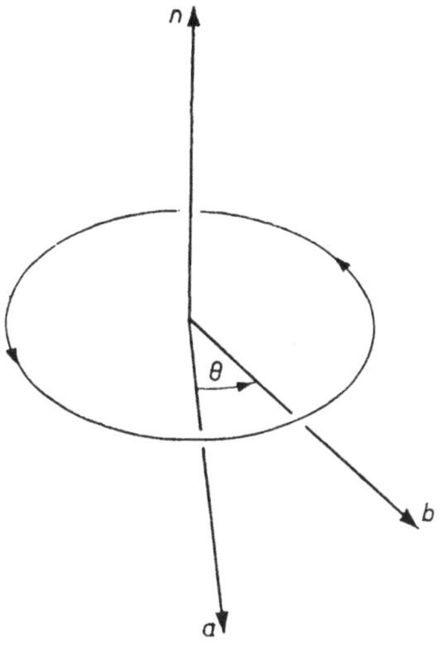

Abb. 24

Gleichung (1) kann natürlich als

$$\boldsymbol{\Gamma} = \boldsymbol{r} \times \boldsymbol{F} \tag{4}$$

geschrieben werden.

Aus der Definition des Kreuzproduktes von zwei Vektoren $\boldsymbol{a}$ und $\boldsymbol{b}$ ist ersichtlich, daß diese Art von Multiplikation nicht kommutativ ist

$$\begin{aligned} \boldsymbol{a} \times \boldsymbol{b} &= ab \sin\theta \boldsymbol{n} \\ &= -ab \sin\theta\,(-\boldsymbol{n}) \\ &= -(\boldsymbol{b} \times \boldsymbol{a}). \end{aligned} \tag{5}$$

Wie wir in 4.3. nachprüfen werden, ist der Prozeß aber in dem Sinn distributiv, daß für drei beliebige Vektoren $\boldsymbol{a}, \boldsymbol{b}, \boldsymbol{c}$

$$\boldsymbol{a} \times (\boldsymbol{b} + \boldsymbol{c}) = \boldsymbol{a} \times \boldsymbol{b} + \boldsymbol{a} \times \boldsymbol{c} \tag{6}$$

ist.

Wenn

$$\boldsymbol{a} \times \boldsymbol{b} = 0 \tag{7}$$

gilt, gibt es drei Möglichkeiten: Entweder ist (1) $\boldsymbol{a} = 0$ oder (2) $\boldsymbol{b} = 0$ oder (3) $\boldsymbol{a}$ ist parallel zu $\boldsymbol{b}$ ($\sin 0° = 0$).

Beispiel 1. Suche die verschiedenen Kreuzprodukte zwischen den Vektoren $\boldsymbol{i}, \boldsymbol{j}, \boldsymbol{k}$, die ein Rechtssystem von orthogonalen Einheitsvektoren bilden.

Die Produkte sind

$$\begin{aligned} \boldsymbol{i} \times \boldsymbol{i} = \boldsymbol{j} \times \boldsymbol{j} &= \boldsymbol{k} \times \boldsymbol{k} = 0, \\ \boldsymbol{i} \times \boldsymbol{j} &= -\boldsymbol{j} \times \boldsymbol{i} = \boldsymbol{k}, \\ \boldsymbol{j} \times \boldsymbol{k} &= -\boldsymbol{k} \times \boldsymbol{j} = \boldsymbol{i}, \\ \boldsymbol{k} \times \boldsymbol{i} &= -\boldsymbol{i} \times \boldsymbol{k} = \boldsymbol{j}. \end{aligned}$$

Beispiel 2. Berechne das Vektorprodukt $\boldsymbol{a} \times \boldsymbol{b}$, wenn

$$\boldsymbol{a} = a_x \boldsymbol{i} + a_y \boldsymbol{j} + a_z \boldsymbol{k}$$

und

$$\boldsymbol{b} = b_x \boldsymbol{i} + b_y \boldsymbol{j} + b_z \boldsymbol{k}.$$

$$\begin{aligned}\boldsymbol{a} \times \boldsymbol{b} &= (a_x \boldsymbol{i} + a_y \boldsymbol{j} + a_z \boldsymbol{k}) \times (b_x \boldsymbol{i} + b_y \boldsymbol{j} + b_z \boldsymbol{k}) \\ &= (a_y b_z - a_z b_y)\, \boldsymbol{i} + (a_z b_x - a_x b_z)\, \boldsymbol{j} \\ &\quad + (a_x b_y - a_y b_x) \boldsymbol{k}.\end{aligned}$$

Dabei wurden die Ergebnisse von Beispiel 1 benutzt.

Beispiel 3. Zeige, daß in einem beliebigen Dreieck ABC das Vektorprodukt $\overrightarrow{AB} \times \overrightarrow{AC}$ einen Betrag hat, der gleich dem doppelten Flächeninhalt des Dreiecks ist.

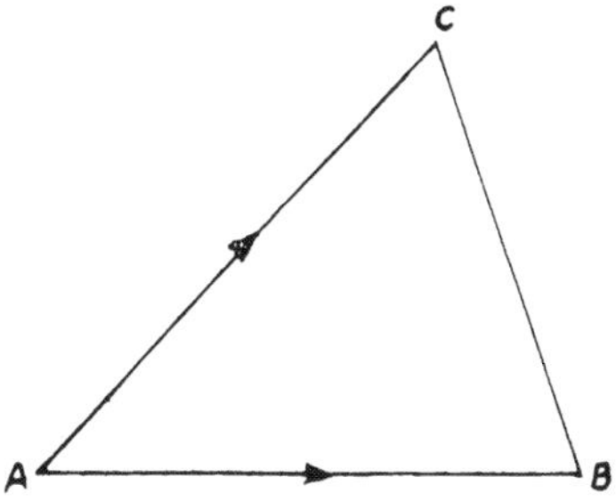

Abb. 25

Das ist einleuchtend, weil die Fläche von $\triangle ABC$ (Abb. 25) gegeben ist durch

$$\tfrac{1}{2}\, AB \cdot AC \sin BAC,$$

während

$$|\overrightarrow{AB} \times \overrightarrow{AC}| = |\overrightarrow{AB}|\, |\overrightarrow{AC}| \sin BAC.$$

Beispiel 4. Der Punkt P, dessen Ortsvektor bezüglich eines Ursprungs O gleich $\boldsymbol{r}$ ist, wird in den Punkt P' so verschoben, daß $\overrightarrow{PP'} = \delta \boldsymbol{r}$ ist. Vorausgesetzt, daß die Verschiebung von einer Rotation um $\delta\theta$ im Rechtssinn um eine Achse durch O in Richtung eines Einheitsvektors

$\boldsymbol{n}$ herrührt, zeige, daß in erster Ordnung in $\delta\theta$

$$\delta \boldsymbol{r} = \theta \delta \boldsymbol{n} \times \boldsymbol{r}$$

gilt.

PN und $P'N$ mögen die kürzesten Abstände von den Punkten P und P' zu der Rotationsachse sein (Abb. 26), sagen wir, $PN = PN' = l$. Die wirkliche Bahn von P, wenn er nach P' verschoben wird, ist ein Kreisbogen um

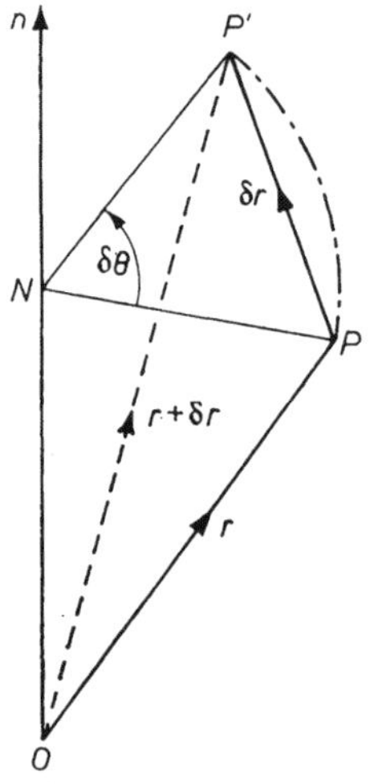

Abb. 26

N mit dem Radius l. Da wir nur die erste Ordnung in $\delta\theta$ berücksichtigen, werden wir den Fall kleiner $\delta\theta$ betrachten. Wir können also schreiben

$$|\delta \boldsymbol{r}| = l \delta \theta .$$

Nun ist

$$\sin PON = l/r ,$$

so daß wir in erster Ordnung von $\delta\theta$ haben

$$\begin{aligned} |\delta\theta\, \boldsymbol{n} \times \boldsymbol{r}| &= \delta\theta \cdot 1 \cdot r \cdot \sin PON \\ &= |\delta \boldsymbol{r}| . \end{aligned}$$

Da weiterhin $\delta\theta$ klein ist, können wir $\overrightarrow{PP'}$ als senkrecht zu $\boldsymbol{n}$ und $\boldsymbol{r}$ betrachten. Die Bedeutung von $\delta\boldsymbol{r}$ ist offenbar die, daß

$$\delta\boldsymbol{r} = \delta\theta\,\boldsymbol{n} \times \boldsymbol{r}$$

ist.

Wir wollen voraussetzen, daß die Verschiebung $\delta\boldsymbol{r}$ von Beispiel 4 während eines Zeitintervalls δt stattfindet. Der Vektor der Winkelgeschwindigkeit $\boldsymbol{\omega}$ ist definiert durch

$$\boldsymbol{\omega} = \lim_{\delta t \to 0} \frac{\delta\theta\,\boldsymbol{n}}{\delta t}. \tag{8}$$

Aus dem Ergebnis von Beispiel 4 wird deutlich, daß der Geschwindigkeitsvektor des Punktes P gegeben ist durch

$$\frac{d\boldsymbol{r}}{dt} = \boldsymbol{\omega} \times \boldsymbol{r}. \tag{9}$$

Nun wollen wir annehmen, daß der Punkt P durch den Ortsvektor $\boldsymbol{r}' = \overrightarrow{O'P}$ gegeben ist, wobei $\overrightarrow{OO'} = \boldsymbol{a}$ ist. Gleichung (9) kann dann geschrieben werden als

$$\boldsymbol{v}_P = \boldsymbol{\omega} \times (\boldsymbol{a} + \boldsymbol{r}'), \tag{10}$$

wobei $\boldsymbol{v}_P$ die Geschwindigkeit des Punktes P bezeichnet. Es gilt also

$$\begin{aligned} \boldsymbol{v}_P &= \boldsymbol{\omega} \times \boldsymbol{a} + \boldsymbol{\omega} \times \boldsymbol{r}' \\ &= \boldsymbol{v}_{0'} + \boldsymbol{\omega} \times \boldsymbol{r}', \end{aligned} \tag{9a}$$

dabei ist $\boldsymbol{v}_{0'}$ die Geschwindigkeit des Punktes O'. Gleichung (9a) sagt im wesentlichen aus, daß die Geschwindigkeit des Punktes P gleich der Geschwindigkeit des Punktes O' plus der Geschwindigkeit von P relativ zu O' ist.

Aus dem zweiten NEWTONschen Bewegungsgesetz haben wir für die Bewegung eines Teilchens der Masse m unter dem Einfluß einer Kraft $\boldsymbol{F}$ die Gleichung

$$m\ddot{\boldsymbol{r}} = \boldsymbol{F}. \tag{11}$$

Es folgt, daß

$$\boldsymbol{r} \times (m\ddot{\boldsymbol{r}}) = \boldsymbol{r} \times \boldsymbol{F} \tag{12}$$

oder

$$\frac{d}{dt} (\boldsymbol{r} \times \boldsymbol{p}) = \boldsymbol{\Gamma} \tag{13}$$

gilt, wobei $\boldsymbol{p} = m\dot{\boldsymbol{r}}$ der Impuls des Teilchens und $\boldsymbol{\Gamma} = \boldsymbol{r} \times \boldsymbol{F}$ das Moment der Kraft $\boldsymbol{F}$ um O sind. Die Vektorgröße

$$\boldsymbol{h} = \boldsymbol{r} \times \boldsymbol{p}, \tag{14}$$

die gerade das Moment des Impulse um O ist, wird *Drehimpuls* des Teilchens um O genannt. Wir können also schreiben

$$\dot{\boldsymbol{h}} = \boldsymbol{\Gamma}. \tag{15}$$

Das bedeutet, daß die zeitliche Änderung des Drehimpulses eines Teilchens um O gleich dem Moment der Kraft um O ist, die auf das Teilchen wirkt.

Beispiel 6. Ein Teilchen bewegt sich in einer Ebene, und seine Lage wird durch die ebenen Polarkoordinaten r, θ beschrieben. Zeige, daß die radiale und die transversale Komponente des Beschleunigungsvektors des Teilchens gegeben sind durch

$$\ddot{r} - r\dot{\theta}^2 \quad \text{und} \quad 2\dot{r}\dot{\theta} + r\ddot{\theta}.$$

Der Ortsvektor ist gegeben durch

$$\boldsymbol{r} = r\boldsymbol{u}_r,$$

dabei sind $\boldsymbol{u}_r$ und $\boldsymbol{u}_\theta$ (Abb. 27) der radiale bzw. transversale Einheitsvektor. Wenn $\boldsymbol{u} = \boldsymbol{u}_r \times \boldsymbol{u}_\theta$ ist, dann wird der Winkelgeschwindigkeitsvektor

$$\boldsymbol{\omega} = \dot{\theta}\boldsymbol{r}$$

sein. Es gilt also

$$\begin{aligned}\dot{\boldsymbol{r}} &= \dot{r}\boldsymbol{u}_r + r\boldsymbol{\omega} \times \boldsymbol{u}_r \\ &= \dot{r}\boldsymbol{u}_r + r\dot{\theta}\boldsymbol{u} \times \boldsymbol{u}_r \\ &= \dot{r}\boldsymbol{u}_r + r\dot{\theta}\boldsymbol{u}_\theta .\end{aligned}$$

Das ist die vektorielle Darstellung der Tatsache, daß die radiale und die transversale Komponente des Geschwindigkeitsvektors gleich $\dot{r}$ bzw. $r\dot{\theta}$ sind.

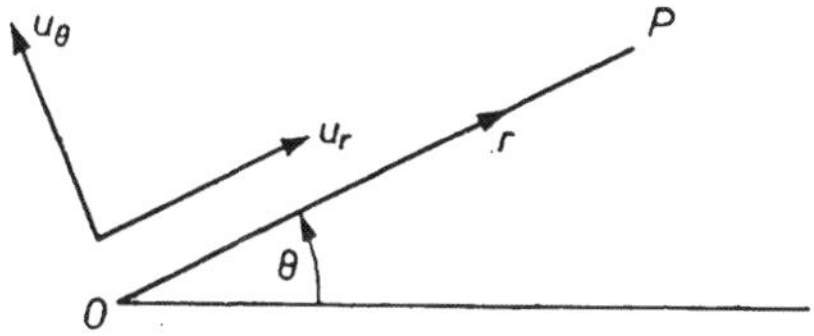

Abb. 27

Auf ähnliche Weise findet man, daß

$$\begin{aligned}\ddot{\boldsymbol{r}} &= \ddot{r}\boldsymbol{u}_r + \dot{r}\boldsymbol{\omega} \times \boldsymbol{u}_r + \dot{r}\dot{\theta}\boldsymbol{u}_\theta + r\ddot{\theta}\boldsymbol{u}_\theta + r\dot{\theta}\boldsymbol{\omega} \times \boldsymbol{u}_\theta \\ &= \ddot{r}\boldsymbol{u}_r + \dot{r}\dot{\theta}\boldsymbol{u}_\theta + \dot{r}\dot{\theta}\boldsymbol{u}_\theta + r\ddot{\theta}\boldsymbol{u}_\theta - r\dot{\theta}^2\boldsymbol{u}_r \\ &= (\ddot{r} - r\dot{\theta}^2)\,\boldsymbol{u}_r + (2\dot{r}\dot{\theta} + r\ddot{\theta})\,\boldsymbol{u}_\theta\end{aligned}$$

ist. Das sind die gesuchten Ergebnisse.

4.2. Mehrfache Produkte

Die Bildung des Kreuzproduktes zweier Vektoren gibt uns die Möglichkeit, neben der der Vektoraddition, einen Vektor aus zwei anderen zu bilden. Damit ist es einfach, komplizierte mehrfache Produkte von verschiedenen Vektoren zu bilden.

Beispiel 7. Die Größe

$$(\boldsymbol{a} \times \boldsymbol{b}) \times (\boldsymbol{c} \times \boldsymbol{d})$$

ist ein Vektor der Form

$$\boldsymbol{A} \times \boldsymbol{B},$$

wobei

$$\boldsymbol{A} = \boldsymbol{a} \times \boldsymbol{b} \text{ und } \boldsymbol{B} = \boldsymbol{c} \times \boldsymbol{d}$$

ist.

Beispiel 8. Die Größe

$$(\boldsymbol{a} \times \boldsymbol{b}) \cdot (\boldsymbol{c} \times \boldsymbol{d})$$

ist ein Skalar der Form

$$\boldsymbol{A} \cdot \boldsymbol{B},$$

wobei

$$\boldsymbol{A} = \boldsymbol{a} \times \boldsymbol{b} \text{ und } \boldsymbol{B} = \boldsymbol{c} \times \boldsymbol{d}$$

ist.

Von besonderer Wichtigkeit sind die sogenannten *skalaren* und *vektoriellen Tripelprodukte* von drei Vektoren $\boldsymbol{a}$, $\boldsymbol{b}$, $\boldsymbol{c}$. Das skalare Tripelprodukt

$$\boldsymbol{a} \cdot (\boldsymbol{b} \times \boldsymbol{c}) \tag{16}$$

ist einfach ein Skalar der Form

$$\boldsymbol{A} \cdot \boldsymbol{B}.$$

Dabei sind

$$\boldsymbol{A} = \boldsymbol{a} \text{ und } \boldsymbol{B} = \boldsymbol{b} \times \boldsymbol{c},$$

und das kann auch ohne Klammern als

$$\boldsymbol{a} \cdot \boldsymbol{b} \times \boldsymbol{c} \tag{17}$$

geschrieben werden. Die Form (16) ist aber zu bevorzugen, weil sie die Struktur des Produktes betont. Die vektoriellen Tripelprodukte

$$(1)\ \boldsymbol{a} \times (\boldsymbol{b} \times \boldsymbol{c}) \quad \text{und} \quad (2)\ (\boldsymbol{a} \times \boldsymbol{b}) \times \boldsymbol{c} \tag{18}$$

sind einfach Vektoren der Form

$$\boldsymbol{A} \times \boldsymbol{B},$$

wobei

$$(1)\quad \boldsymbol{A} = \boldsymbol{a} \text{ und } \boldsymbol{B} = \boldsymbol{b} \times \boldsymbol{c}$$

und

$$(2)\quad \boldsymbol{A} = \boldsymbol{a} \times \boldsymbol{b} \text{ und } \boldsymbol{B} = \boldsymbol{c}$$

ist. Die Klammern müssen in den Ausdrücken (18) geschrieben werden, weil der Ausdruck

$$\boldsymbol{a} \times \boldsymbol{b} \times \boldsymbol{c}$$

nicht eindeutig und willkürlich ist und im allgemeinen

$$\boldsymbol{a} \times (\boldsymbol{b} \times \boldsymbol{c}) \neq (\boldsymbol{a} \times \boldsymbol{b}) \times \boldsymbol{c}$$

gilt.

4.3. Skalare Dreifachprodukte

Wir wollen einige Eigenschaften der skalaren Dreifachprodukte betrachten. Einige einfache Eigenschaften sind unmittelbar einleuchtend

$$\boldsymbol{a} \cdot (\boldsymbol{b} \times \boldsymbol{c}) = (\boldsymbol{b} \times \boldsymbol{c}) \cdot \boldsymbol{a}, \tag{19}$$

da das innere kommutativ ist und

$$\boldsymbol{a} \cdot (\boldsymbol{b} \times \boldsymbol{c}) = -\boldsymbol{a} \cdot (\boldsymbol{c} \times \boldsymbol{b}) \tag{20}$$

wegen der Eigenschaft (5) des Kreuzproduktes.

Die Größe

$$|\boldsymbol{a} \cdot (\boldsymbol{b} \times \boldsymbol{c})| \tag{21}$$

kann geometrisch als Volumen eines Parallelepipeds interpretiert werden, das die drei Kantenvektoren $\boldsymbol{a}$, $\boldsymbol{b}$, $\boldsymbol{c}$ hat. Wegen des Ergebnisses von Beispiel 3 ist klar, daß $\boldsymbol{a} \times \boldsymbol{c}$ die Fläche des Parallelogramms mit den Seitenvektoren $\boldsymbol{a}$ und $\boldsymbol{c}$ ist. Weil $\boldsymbol{b} \times \boldsymbol{c}$ eine Richtung senkrecht sowohl zu $\boldsymbol{b}$ als auch zu $\boldsymbol{c}$ hat, wird bei der Bildung des inneren

Produktes mit $\boldsymbol{a}$ diese Fläche mit der positiven oder negativen Höhe des Parallelepipeds multipliziert (Abb. 28a und Abb. 28b). Aus der Abb. 28a wird klar, daß $\boldsymbol{a} \cdot (\boldsymbol{b} \times \boldsymbol{c})$ wirklich einen Wert besitzt, der gleich dem Volumen des Parallelepipeds ist, während in Abb. 28b $\boldsymbol{a} \cdot (\boldsymbol{b} \times \boldsymbol{c})$ einen Wert gleich dem negativen Volumen der Figur hat.

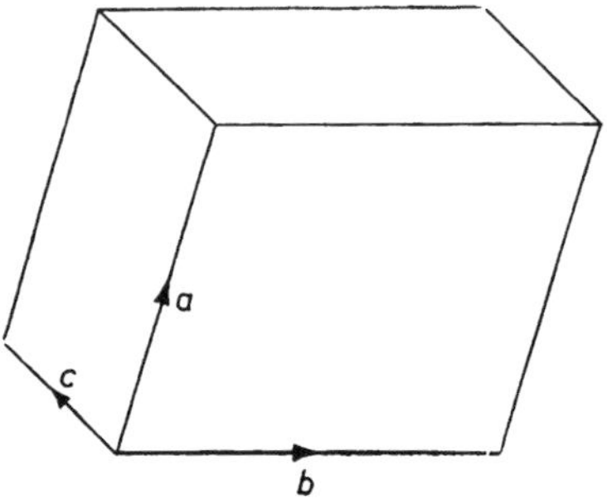

Abb. 28a

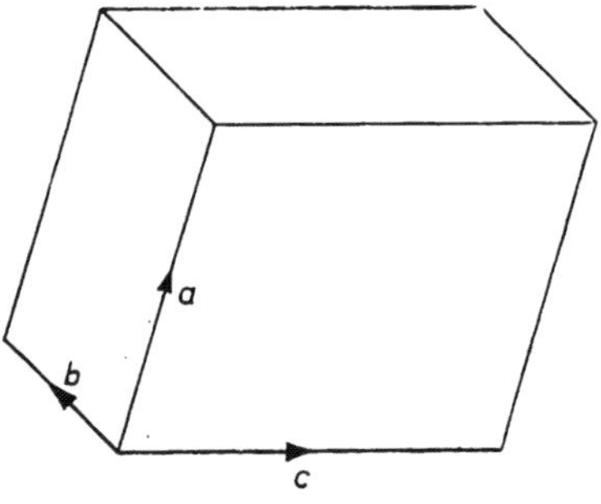

Abb. 28b

Aus Symmetriebetrachtungen wird klar (Abb. 28a), daß

$$\boldsymbol{a} \cdot (\boldsymbol{b} \times \boldsymbol{c}) = \boldsymbol{b} \cdot (\boldsymbol{c} \times \boldsymbol{a}) = \boldsymbol{c} \cdot (\boldsymbol{a} \times \boldsymbol{b}) \tag{22}$$

gilt.

Die Eigenschaften (19) und (22) können wie folgt zusammengefaßt werden: Der Punkt und das Kreuz können in jedem skalaren Tripelprodukt vertauscht werden, und die Faktoren können in zyklischer Ordnung permutiert werden, ohne den Wert des Produktes zu ändern.

Es ist oft üblich

$$\boldsymbol{a} \cdot (\boldsymbol{b} \times \boldsymbol{c}) = (\boldsymbol{a}, \boldsymbol{b}, \boldsymbol{c}) \tag{23}$$

zu schreiben, und in dieser Schreibweise (in die die Vertauschbarkeit von Punkt und Kreuz eingebaut ist) können die Ergebnisse (19), (20) und (22) in der Form

$$\begin{aligned}(\boldsymbol{a}, \boldsymbol{b}, \boldsymbol{c}) &= (\boldsymbol{b}, \boldsymbol{c}, \boldsymbol{a}) = (\boldsymbol{c}, \boldsymbol{a}, \boldsymbol{b}) = -(\boldsymbol{c}, \boldsymbol{b}, \boldsymbol{a}) \\ &= -(\boldsymbol{b}, \boldsymbol{a}, \boldsymbol{c}) = -(\boldsymbol{a}, \boldsymbol{c}, \boldsymbol{b})\end{aligned} \tag{24}$$

kombiniert werden.

Wir beweisen nun, daß die Bildung des Kreuzproduktes in dem Sinn distributiv ist, daß für drei beliebige Vektoren $\boldsymbol{a}, \boldsymbol{b}, \boldsymbol{c}$

$$\boldsymbol{a} \times (\boldsymbol{b} + \boldsymbol{c}) = \boldsymbol{a} \times \boldsymbol{b} + \boldsymbol{a} \times \boldsymbol{c} \tag{25}$$

ist. Wir wollen nun den Vektor $\boldsymbol{v}$ betrachten, wobei

$$\boldsymbol{v} = \boldsymbol{a} \times (\boldsymbol{b} + \boldsymbol{c}) - \boldsymbol{a} \times \boldsymbol{b} - \boldsymbol{a} \times \boldsymbol{c} \tag{26}$$

ist, und wir wollen das innere Produkt von $\boldsymbol{v}$ mit einem beliebigen Vektor $\boldsymbol{n}$ bilden

$$\begin{aligned}\boldsymbol{n} \cdot \boldsymbol{v} &= \boldsymbol{n} \cdot \{\boldsymbol{a} \times (\boldsymbol{b} + \boldsymbol{c})\} - \boldsymbol{n} \cdot (\boldsymbol{a} \times \boldsymbol{b}) - \boldsymbol{n} \cdot (\boldsymbol{a} \times \boldsymbol{c}) \\ &= (\boldsymbol{n} \times \boldsymbol{a}) \cdot (\boldsymbol{b} + \boldsymbol{c}) - (\boldsymbol{n} \times \boldsymbol{a}) \cdot \boldsymbol{b} - (\boldsymbol{n} \times \boldsymbol{a}) \cdot \boldsymbol{c},\end{aligned}$$

dabei haben wir Punkt und Kreuz in den skalaren Dreifachprodukten vertauscht. Wir wissen nun aus 3.1., daß Skalarprodukte einem Distributivgesetz gehorchen, so daß

$$\begin{aligned}\boldsymbol{n} \cdot \boldsymbol{v} &= (\boldsymbol{n} \times \boldsymbol{a}) \cdot \{(\boldsymbol{b} + \boldsymbol{c}) - \boldsymbol{b} - \boldsymbol{c}\} \\ &= (\boldsymbol{n} \times \boldsymbol{a}) \cdot \boldsymbol{0} \\ &= 0\end{aligned}$$

ist. Wir haben nun nachgewiesen, daß $\boldsymbol{n} \cdot \boldsymbol{v}$ verschwindet, und, da $\boldsymbol{n}$ willkürlich gewählt werden kann, ist es im allgemeinen weder Null noch senkrecht zu $\boldsymbol{v}$, so daß wir schließen müssen, daß $\boldsymbol{v}$ Null ist. Damit ist die Richtigkeit der Annahme (25) bewiesen.

Beispiel 9. Suche den allgemeinsten Vektor $\boldsymbol{x}$, der die Gleichung

$$\boldsymbol{a} \times \boldsymbol{x} = \boldsymbol{a} \times \boldsymbol{b}, \quad \boldsymbol{a} \neq \boldsymbol{0}$$

erfüllt.

Da die Vektormultiplikation distributiv ist, erhalten wir

$$\boldsymbol{a} \times (\boldsymbol{x} - \boldsymbol{b}) = \boldsymbol{0},$$

so daß entweder $\boldsymbol{x} = \boldsymbol{b}$ oder $\boldsymbol{x} - \boldsymbol{b}$ parallel zu $\boldsymbol{a}$ ist. Es gilt also

$$\boldsymbol{x} = \boldsymbol{b} + \lambda \boldsymbol{a},$$

wobei λ ein beliebiger Skalar ist (möglicherweise Null).

Beispiel 10. Zeige, daß $(\boldsymbol{a}, \boldsymbol{b}, \boldsymbol{c})$ Null ist, wenn $\boldsymbol{a}, \boldsymbol{b}, \boldsymbol{c}$ linear abhängig sind.

Wenn $\boldsymbol{a}, \boldsymbol{b}, \boldsymbol{c}$ linear abhängig sind, dann ist es im allgemeinen möglich für gewisse Skalare λ und μ

$$\boldsymbol{a} = \lambda \boldsymbol{b} + \mu \boldsymbol{c}$$

zu schreiben. Dann ist

$$\begin{aligned}(\boldsymbol{a}, \boldsymbol{b}, \boldsymbol{c}) &= (\lambda \boldsymbol{b} + \mu \boldsymbol{c}, \boldsymbol{b}, \boldsymbol{c}) \\ &= \lambda(\boldsymbol{b}, \boldsymbol{b}, \boldsymbol{c}) + \mu(\boldsymbol{c}, \boldsymbol{b}, \boldsymbol{c}) \\ &= \lambda(\boldsymbol{b}, \boldsymbol{b}, \boldsymbol{c}) + \mu(\boldsymbol{c}, \boldsymbol{c}, \boldsymbol{b}) \\ &= \lambda(\boldsymbol{b} \times \boldsymbol{b}) \cdot \boldsymbol{c} + \mu(\boldsymbol{c} \times \boldsymbol{c}) \cdot \boldsymbol{b} \\ &= \lambda \boldsymbol{0} \cdot \boldsymbol{c} + \mu \boldsymbol{0} \cdot \boldsymbol{b} \\ &= 0,\end{aligned}$$

da $\boldsymbol{b} \times \boldsymbol{b}$ und $\boldsymbol{c} \times \boldsymbol{c}$ Nullvektoren sind.

Das Ergebnis von Beispiel 10 ist vom geometrischen Standpunkt her einleuchtend. Die lineare Abhängigkeit von $\boldsymbol{a}, \boldsymbol{b}, \boldsymbol{c}$ bedeutet, daß sie in weniger als drei Dimensionen dargestellt werden können, so daß das von ihnen gebildete „Parallelepiped" (Abb. 28) keine dreidimensionale Figur ist und natürlich ein verschwindendes Volumen hat.

Wenn umgekehrt $(\boldsymbol{a}, \boldsymbol{b}, \boldsymbol{c}) = 0$ ist, dann können die drei Vektoren in weniger als drei Dimensionen dargestellt werden. Die Gleichung

$$\boldsymbol{a} \cdot (\boldsymbol{b} \times \boldsymbol{c}) = 0$$

bedeutet, daß entweder $\boldsymbol{a}$ gleich Null oder $\boldsymbol{b} \times \boldsymbol{c}$ Null oder $\boldsymbol{a}$ senkrecht zu $\boldsymbol{b} \times \boldsymbol{c}$ ist; $\boldsymbol{b} \times \boldsymbol{c}$ kann Null sein, wenn $\boldsymbol{b}$ oder $\boldsymbol{c}$ gleich Null ist oder wenn $\boldsymbol{b}$ und $\boldsymbol{c}$ in einer geraden Linie dargestellt werden können; $\boldsymbol{a}$ ist senkrecht zu $\boldsymbol{b} \times \boldsymbol{c}$ nur dann, wenn $\boldsymbol{a}, \boldsymbol{b}, \boldsymbol{c}$ in einer Ebene dargestellt werden können, weil alle drei Vektoren senkrecht zu $\boldsymbol{b} \times \boldsymbol{c}$ sein müssen.

4.4. Vektorielle Dreifachprodukte

Wir wollen das vektorielle Dreifachprodukt

$$\boldsymbol{a} \times (\boldsymbol{b} \times \boldsymbol{c}) \tag{27}$$

von drei Vektoren $\boldsymbol{a}, \boldsymbol{b}, \boldsymbol{c}$ betrachten. Es ist offenbar ein Vektor, der in der Ebene der Vektoren $\boldsymbol{b}$ und $\boldsymbol{c}$ liegt, er kann so in der Form

$$\boldsymbol{a} \times (\boldsymbol{b} \times \boldsymbol{c}) = \lambda \boldsymbol{b} + \mu \boldsymbol{c} \tag{28}$$

geschrieben werden, wobei λ und μ skalare Funktionen von $\boldsymbol{a}, \boldsymbol{b}, \boldsymbol{c}$ sind, die bestimmt werden müssen. Wenn wir das innere Produkt der beiden Seiten der Gleichung (28) mit $\boldsymbol{a}$ bilden, erhalten wir

$$\boldsymbol{a} \cdot \{\boldsymbol{a} \times (\boldsymbol{b} \times \boldsymbol{c})\} = \lambda(\boldsymbol{a} \cdot \boldsymbol{b}) + \mu(\boldsymbol{a} \cdot \boldsymbol{c}). \tag{29}$$

Wegen des Ergebnisses von Beispiel 10 ist die linke Seite von Gleichung (29) Null, so daß das Verhältnis $\lambda:\mu$ bestimmt ist, d. h.

$$\frac{\lambda}{\mu} = -\frac{(\boldsymbol{a} \cdot \boldsymbol{c})}{(\boldsymbol{a} \cdot \boldsymbol{b})}. \tag{30}$$

Wir beweisen nun, daß

$$\boldsymbol{a} \times (\boldsymbol{b} \times \boldsymbol{c}) = (\boldsymbol{a} \cdot \boldsymbol{c})\, \boldsymbol{b} - (\boldsymbol{a} \cdot \boldsymbol{b})\boldsymbol{c} \tag{31}$$

gilt. Zunächst nehmen wir an, daß $\boldsymbol{b}$ und $\boldsymbol{c}$ linear unabhängig sind. Wir wollen ein Rechtssystem von gegenseitig orthogonalen Einheitsvektoren $\boldsymbol{i}, \boldsymbol{j}, \boldsymbol{k}$ so aufbauen, daß $\boldsymbol{k}$ in der Richtung von $\boldsymbol{c}$ und $\boldsymbol{j}$ in der durch $\boldsymbol{b}$ und $\boldsymbol{c}$ definierten Ebene liegt. Dann können wir in einer einleuchtenden Bezeichnungsweise schreiben

$$\begin{aligned} \boldsymbol{a} &= a_x \boldsymbol{i} + a_y \boldsymbol{j} + a_z \boldsymbol{k}, \\ \boldsymbol{b} &= b_y \boldsymbol{j} + b_z \boldsymbol{k}, \\ \boldsymbol{c} &= c_z \boldsymbol{k}. \end{aligned}$$

Deshalb erhalten wir

$$\begin{aligned} \boldsymbol{a} \times (\boldsymbol{b} \times \boldsymbol{c}) &= a_z b_y c_z \boldsymbol{j} - a_y b_y c_z \boldsymbol{k} \\ &= a_z c_z \boldsymbol{b} - (a_y b_y + a_z b_z)\boldsymbol{c} \\ &= (\boldsymbol{a} \cdot \boldsymbol{c})\, \boldsymbol{b} - (\boldsymbol{a} \cdot \boldsymbol{b})\boldsymbol{c}. \end{aligned}$$

Vorausgesetzt, daß $\boldsymbol{b}$ und $\boldsymbol{c}$ linear unabhängig sind, haben wir einen Beweis für das Ergebnis (31). Die $\boldsymbol{b}$ und $\boldsymbol{c}$ auferlegten Einschränkungen können leicht beseitigt werden, weil, wenn $\boldsymbol{b}$ und $\boldsymbol{c}$ linear abhängig sind,

$$\boldsymbol{b} = \lambda \boldsymbol{c}$$

gilt, wobei λ ein bestimmter Skalar ist (möglicherweise Null). Beide Seiten von Gleichung (31) verschwinden identisch, d. h.

$$\begin{aligned} \boldsymbol{a} \times (\boldsymbol{b} \times \boldsymbol{c}) &= \lambda \boldsymbol{a} \times (\boldsymbol{c} \times \boldsymbol{c}) \\ &= 0, \end{aligned}$$

da $\boldsymbol{c} \times \boldsymbol{c} = \boldsymbol{0}$ ist, und

$$(\boldsymbol{a} \cdot \boldsymbol{c})\, \boldsymbol{b} - (\boldsymbol{a} \cdot \boldsymbol{b})\, \boldsymbol{c} = \lambda\{(\boldsymbol{a} \cdot \boldsymbol{c})\, \boldsymbol{c} - (\boldsymbol{a} \cdot \boldsymbol{c})\, \boldsymbol{c}\}$$
$$= \boldsymbol{0}.$$

Eine elegantere Version des Beweises wird in 4.5. gegeben. In ähnlicher Weise kann gezeigt werden, daß

$$(\boldsymbol{a} \times \boldsymbol{b}) \times \boldsymbol{c} = (\boldsymbol{a} \cdot \boldsymbol{c})\, \boldsymbol{b} - (\boldsymbol{b} \cdot \boldsymbol{c})\, \boldsymbol{a} \tag{32}$$

gilt. Das Ergebnis (32) kann natürlich aus dem Ergebnis (31) abgeleitet werden, weil

$$\begin{aligned}(\boldsymbol{a} \times \boldsymbol{b}) \times \boldsymbol{c} &= -\{\boldsymbol{c} \times (\boldsymbol{a} \times \boldsymbol{b})\}\\ &= -\{(\boldsymbol{c} \cdot \boldsymbol{a})\, \boldsymbol{a} - (\boldsymbol{c} \cdot \boldsymbol{a})\, \boldsymbol{b}\}\\ &= (\boldsymbol{a} \cdot \boldsymbol{c})\, \boldsymbol{b} - (\boldsymbol{b} \cdot \boldsymbol{c})\, \boldsymbol{a}\end{aligned}$$

ist.

Beispiel 11. Zeige, daß

$$(\boldsymbol{a} \times \boldsymbol{b}, \boldsymbol{b} \times \boldsymbol{c}, \boldsymbol{c} \times \boldsymbol{a}) = (\boldsymbol{a}, \boldsymbol{b}, \boldsymbol{c})^2.$$

$$\begin{aligned}(\boldsymbol{a} \times \boldsymbol{b}, \boldsymbol{b} \times \boldsymbol{c}, \boldsymbol{c} \times \boldsymbol{a}) &= (\boldsymbol{a} \times \boldsymbol{b}) \cdot [\{(\boldsymbol{b} \times \boldsymbol{c})\} \times (\boldsymbol{c} \times \boldsymbol{a})]\\ &= (\boldsymbol{a} \times \boldsymbol{b}) \cdot [\{(\boldsymbol{b} \times \boldsymbol{c}) \cdot \boldsymbol{a}\}\, \boldsymbol{c}\\ &\quad - \{(\boldsymbol{b} \times \boldsymbol{c}) \cdot \boldsymbol{c}\}\, \boldsymbol{a}]\\ &= \{(\boldsymbol{a} \times \boldsymbol{b}) \cdot \boldsymbol{c}\}\, \{(\boldsymbol{b} \times \boldsymbol{c}) \cdot \boldsymbol{a}\}\\ &= (\boldsymbol{a}, \boldsymbol{b}, \boldsymbol{c})^2\end{aligned}$$

gilt.

Beispiel 12. Zeige, daß

$$(\boldsymbol{a} \times \boldsymbol{b}) \times (\boldsymbol{c} \times \boldsymbol{d}) = (\boldsymbol{a}, \boldsymbol{c}, \boldsymbol{d})\, \boldsymbol{b} - (\boldsymbol{b}, \boldsymbol{c}, \boldsymbol{d})\, \boldsymbol{a}.$$

$$\begin{aligned}(\boldsymbol{a} \times \boldsymbol{b}) \times (\boldsymbol{c} \times \boldsymbol{d}) &= \{\boldsymbol{a} \cdot (\boldsymbol{c} \times \boldsymbol{d})\}\, \boldsymbol{b} - \{\boldsymbol{b} \cdot (\boldsymbol{c} \times \boldsymbol{d})\}\, \boldsymbol{a}\\ &= (\boldsymbol{a}, \boldsymbol{c}, \boldsymbol{d})\, \boldsymbol{b} - (\boldsymbol{b}, \boldsymbol{c}, \boldsymbol{d})\, \boldsymbol{a}\end{aligned}$$

ist.

4.5. Isotrope Tensoren dritter Stufe[1])

Wir wollen ein Rechtssystem $\boldsymbol{u}_1, \boldsymbol{u}_2, \boldsymbol{u}_3$ von gegenseitig orthogonalen Einheitsvektoren betrachten. Es ist klar, daß

$$\boldsymbol{u}_i \cdot (\boldsymbol{u}_j \times \boldsymbol{u}_k) \tag{33}$$

gleich einem der Werte $+1$, 0, -1 ist: Wenn i, j, k eine beliebige zyklische (gerade) Permutation von 1, 2, 3 ist, dann hat es den Wert $+1$; wenn zwei von den i, j, k gleich sind, dann hat es den Wert 0; wenn i, j, k eine antizyklische (ungerade) Permutation von 1, 2, 3 ist, dann hat es den Wert -1. Dieses Ergebnis kann kurz als

$$\boldsymbol{u}_i \cdot (\boldsymbol{u}_j \times \boldsymbol{u}_k) = \varepsilon_{ijk} \tag{34 und 35}$$

geschrieben werden.

Wenn wir nun ein zweites Rechtssystem von gegenseitig orthogonalen Einheitsvektoren $\boldsymbol{u}_1', \boldsymbol{u}_2', \boldsymbol{u}_3'$ haben, so daß

$$\boldsymbol{u}_i = a_{ij} \boldsymbol{u}_j' \; (i = 1, 2, 3) \tag{36}$$

gilt, dann ist klar, daß

$$\boldsymbol{u}_i' \cdot (\boldsymbol{u}_j' \times \boldsymbol{u}_k') = \varepsilon_{ijk}. \tag{37}$$

Es ist aber

$$\begin{aligned} \varepsilon_{ijk} &= \boldsymbol{u}_i \cdot (\boldsymbol{u}_j \times \boldsymbol{u}_k) \\ &= a_{ip} a_{jq} a_{kr} \boldsymbol{u}_p' \cdot (\boldsymbol{u}_q' \times \boldsymbol{u}_r') \\ &= a_{ip} a_{jq} a_{kr} \varepsilon_{pqr}, \end{aligned} \tag{38}$$

d. h., die ε_{ijk} sind die Komponenten eines Tensors dritter Stufe, dessen Komponenten in jedem Koordinatensystem der durch Gleichung (36) definierten Familie die gleichen

[1]) Dieser Abschnitt kann beim ersten Lesen übergangen werden.

sind. Es ist deshalb ein isotroper Tensor der Stufe drei: Es kann gezeigt werden, daß es keinen anderen isotropen Tensor dritter Stufe gibt.

Beispiel 13. Gib die Werte von ε_{ijk} an, für die $i = 1$ ist.

$$\varepsilon_{111} = 0, \quad \varepsilon_{112} = 0, \quad \varepsilon_{113} = 0,$$
$$\varepsilon_{121} = 0, \quad \varepsilon_{122} = 0, \quad \varepsilon_{123} = 1,$$
$$\varepsilon_{131} = 0, \quad \varepsilon_{132} = -1, \quad \varepsilon_{133} = 0.$$

In Form der Menge $\boldsymbol{u}_1$, $\boldsymbol{u}_2$, $\boldsymbol{u}_3$ kann das Ergebnis von Beispiel 1 geschrieben werden als

$$\boldsymbol{u}_j \times \boldsymbol{u}_k = \varepsilon_{ijk}\boldsymbol{u}_i, \tag{39}$$

und die in Beispiel 2 diskutierte Entwicklung des Kreuzprodukts kann in einer einleuchtenden Bezeichnungsweise als

$$\begin{aligned} \boldsymbol{a} \times \boldsymbol{b} &= (a_j\boldsymbol{u}_j) \times (b_k\boldsymbol{u}_k) \\ &= \varepsilon_{ijk}\boldsymbol{u}_i a_j b_k \end{aligned} \tag{40}$$

angegeben werden. Die i-te Komponente von $\boldsymbol{a} \times \boldsymbol{b}$ kann als

$$(\boldsymbol{a} \times \boldsymbol{b})_i = \varepsilon_{ijk} a_j b_k \tag{41}$$

geschrieben werden.

Beispiel 14. Wenn $i = 1$ ist, wird Gleichung (41) zu

$$(\boldsymbol{a} \times \boldsymbol{b})_1 = a_2 b_3 - a_3 b_2 .$$

Beispiel 15. Zeige, daß

$$\begin{vmatrix} x_1 & x_2 & x_3 \\ y_1 & y_2 & y_3 \\ z_1 & z_2 & z_3 \end{vmatrix} = \varepsilon_{ijk} x_i y_j z_k$$

ist und leite ab, daß

$$\begin{vmatrix} \boldsymbol{u}_1 & \boldsymbol{u}_2 & \boldsymbol{u}_3 \\ a_1 & a_2 & a_3 \\ b_1 & b_2 & b_3 \end{vmatrix} = \boldsymbol{a} \times \boldsymbol{b}$$

und

$$\begin{vmatrix} a_1 & a_2 & a_3 \\ b_1 & b_2 & b_3 \\ c_1 & c_2 & c_3 \end{vmatrix} = \boldsymbol{a} \cdot (\boldsymbol{b} \times \boldsymbol{c})$$

ist.

Der erste Teil kann dadurch bewiesen werden, daß man beide Seiten berechnet und

$$x_1 y_2 z_3 - x_1 y_3 z_2 + x_2 y_3 z_1 - x_2 y_1 z_3 + x_3 y_1 z_2 - x_3 y_2 z_1$$

erhält.

Nun ist wegen Gleichung (40)

$$\varepsilon_{ijk} \boldsymbol{u}_i a_j b_k = \boldsymbol{a} \times \boldsymbol{b}$$

und

$$\begin{aligned} \varepsilon_{ijk} a_i b_j c_k &= a_i \varepsilon_{ijk} b_j c_k \\ &= \boldsymbol{a} \cdot (\boldsymbol{b} \times \boldsymbol{c}), \end{aligned}$$

so daß die Determinantenformel sofort folgt.

Die Eigenschaften der skalaren Tripelprodukte, die in Gleichung (24) zusammengefaßt sind, können auf die elementaren Eigenschaften von Determinanten zurückgeführt werden, wenn man die Ergebnisse von Beispiel 15 benutzt.

Wir zeigen nun, wie der isotrope Tensor dritter Stufe mit dem isotropen Tensor zweiter Stufe zusammenhängt. Das Ergebnis, das wir damit beweisen sollen, lautet

$$\varepsilon_{ijk} \varepsilon_{ilm} = \delta_{jl} \delta_{km} - \delta_{jm} \delta_{kl} . \qquad (42)$$

Gleichung (42) kann offenbar dadurch bewiesen werden, daß man sie komponentenweise auswertet (s. Beispiel 16).

Ein eleganter Beweis wurde von LYNESS[1]) beschrieben. Wir wollen eine Determinante Δ wie folgt definieren

$$\Delta = \begin{vmatrix} \alpha_{11} & \alpha_{12} & \alpha_{13} \\ \alpha_{21} & \alpha_{22} & \alpha_{23} \\ \alpha_{31} & \alpha_{32} & \alpha_{33} \end{vmatrix}. \tag{43}$$

Wenn man die Zeile 1 durch die Zeile i, die Zeile 2 durch die Zeile j und die Zeile 3 durch die Zeile k ersetzt, wird Δ mit ε_{ijk} multipliziert. Ein ähnliches Ergebnis erhält man, wenn die entsprechenden Spalten der Vertauschung unterworfen werden. Wir haben also

$$\varepsilon_{ijk}\varepsilon_{lmn}\Delta = \begin{vmatrix} \alpha_{il} & \alpha_{im} & \alpha_{in} \\ \alpha_{jl} & \alpha_{jm} & \alpha_{jn} \\ \alpha_{kl} & \alpha_{km} & \alpha_{kn} \end{vmatrix}. \tag{44}$$

Wenn $\alpha_{ij} = \delta_{ij}$ $(i, j = 1, 2, 3)$ ist, dann gilt

$$\Delta = \begin{vmatrix} 1 & 0 & 0 \\ 0 & 1 & 0 \\ 0 & 0 & 1 \end{vmatrix} = 1, \tag{45}$$

so daß wir durch Entwicklung der Determinante (44) nach ihrer letzten Spalte

$$\begin{aligned} \varepsilon_{ijk}\varepsilon_{lmn} = {} & \delta_{in}(\delta_{jl}\delta_{km} - \delta_{kl}\delta_{jm}) + \delta_{jn}(\delta_{kl}\delta_{im} - \delta_{il}\delta_{km}) \\ & + \delta_{kn}(\delta_{il}\delta_{jm} - \delta_{jl}\delta_{im}) \end{aligned} \tag{46}$$

erhalten.

Das Ergebnis (42) erhalten wir dadurch, daß wir $i = n$ setzen und die Summenkonvention benutzen

$$\begin{aligned} \varepsilon_{ijk}\varepsilon_{ilm} &= \delta_{ii}(\delta_{il}\delta_{km} - \delta_{kl}\delta_{jm}) + \delta_{ji}(\delta_{kl}\delta_{im} - \delta_{il}\delta_{km}) \\ &\quad + \delta_{ki}(\delta_{il}\delta_{jm} - \delta_{jl}\delta_{im}) = 3(\delta_{jl}\delta_{km} - \delta_{kl}\delta_{jm}) \\ &\quad + \delta_{kl}\delta_{jm} - \delta_{jl}\delta_{km} + \delta_{kl}\delta_{jm} - \delta_{jl}\delta_{km} \\ &= \delta_{jl}\delta_{km} - \delta_{kl}\delta_{jm}. \end{aligned}$$

[1]) J. N. LYNESS, Mathematical Gazette **50** (1966), Nr. 372, S. 182.

Dabei haben wir die Tatsache benutzt, daß

$$\delta_{ii} = \delta_{11} + \delta_{22} + \delta_{33} = 3$$

und

$$\varepsilon_{lmi} = \varepsilon_{ilm}$$

ist.

Beispiel 16. Beweise durch komponentenweise Auswertung, daß das Ergebnis (42) richtig ist.

Wir betrachten zuerst die linke Seite von Gleichung (42). Wegen Definition (35) haben wir

$$\varepsilon_{ijk}\varepsilon_{ilm} = \begin{cases} 1, \text{ wenn } j = l, k = m; i, j, k, \text{ alle verschieden} \\ -1, \text{ wenn } j = m, k = l; i, j, k \text{ alle verschieden} \\ 0 \text{ sonst.} \end{cases}$$

Nun kann man durch direkte Rechnung beweisen, daß der Ausdruck auf der rechten Seite von Gleichung (42) genau die gleichen Werte für die verschiedenen Werte der Indizes hat.

Beispiel 17. Zeige, daß

$$\boldsymbol{a} \times (\boldsymbol{b} \times \boldsymbol{c}) = (\boldsymbol{a} \cdot \boldsymbol{c})\, \boldsymbol{b} - (\boldsymbol{a} \cdot \boldsymbol{b})\, \boldsymbol{c}$$

ist.

Wir nehmen die i-te Komponente und können in einer einleuchtenden Schreibweise

$$\begin{aligned} \{\boldsymbol{a} \times (\boldsymbol{b} \times \boldsymbol{c})\}_i &= \varepsilon_{ijk} a_j (\boldsymbol{b} \times \boldsymbol{c})_k \\ &= \varepsilon_{ijk} \varepsilon_{klm} a_j b_l c_m \\ &= \varepsilon_{kij} \varepsilon_{klm} a_j b_l c_m \\ &= (\delta_{il}\delta_{jm} - \delta_{im}\delta_{jl})\, a_j b_l c_m \\ &= a_j b_i c_j - a_j b_j c_i \\ &= (\boldsymbol{a} \cdot \boldsymbol{c})\, b_i - (\boldsymbol{a} \cdot \boldsymbol{b})\, c_i \\ &= \{(\boldsymbol{a} \cdot \boldsymbol{c})\, \boldsymbol{b} - (\boldsymbol{a} \cdot \boldsymbol{b}) \boldsymbol{c}\}_i \end{aligned}$$

schreiben.

Beispiel 18. Zeige, daß

$$(\boldsymbol{a} \times \boldsymbol{b}) \times (\boldsymbol{c} \times \boldsymbol{d}) = (\boldsymbol{a}, \boldsymbol{c}, \boldsymbol{d})\boldsymbol{b} - (\boldsymbol{b}, \boldsymbol{c}, \boldsymbol{d})\boldsymbol{a}$$

gilt.

Wir verfahren wie in Beispiel 17 und haben

$$\begin{aligned}\{(\boldsymbol{a} \times \boldsymbol{b}) \times (\boldsymbol{c} \times \boldsymbol{d})\}_i &= \varepsilon_{ijk}(\boldsymbol{a} \times \boldsymbol{b})_j\,(\boldsymbol{c} \times \boldsymbol{d})_k \\ &= \varepsilon_{ijk}\varepsilon_{jlm}a_l b_m \varepsilon_{kno} c_n d_o \\ &= \varepsilon_{jki}\varepsilon_{jlm}\varepsilon_{kno} a_l b_m c_n d_o \\ &= (\delta_{kl}\delta_{im} - \delta_{km}\delta_{il})\,\varepsilon_{kno} a_l b_m c_n d_o \\ &= \varepsilon_{kno} a_k b_i c_n d_o - \varepsilon_{kno} a_i b_k c_n d_o \\ &= (\boldsymbol{a}, \boldsymbol{c}, \boldsymbol{d})\, b_i - (\boldsymbol{b}, \boldsymbol{c}, \boldsymbol{d})\, a_i \\ &= \{(\boldsymbol{a}, \boldsymbol{c}, \boldsymbol{d})\,\boldsymbol{b} - (\boldsymbol{b}, \boldsymbol{c}, \boldsymbol{d})\,\boldsymbol{a}\}_i .\end{aligned}$$

Übungen 4

1. Für den Fall, daß

$$\begin{aligned}\boldsymbol{a} &= \boldsymbol{i} + \boldsymbol{j} + \boldsymbol{k}, \\ \boldsymbol{b} &= \boldsymbol{i} - \boldsymbol{j} + 2\boldsymbol{k}, \\ \boldsymbol{c} &= 2\boldsymbol{i} + 3\boldsymbol{j} + \boldsymbol{k}\end{aligned}$$

ist, bestimme $\boldsymbol{a} \times \boldsymbol{b}$, $\boldsymbol{b} \times \boldsymbol{c}$, $(\boldsymbol{a} \times \boldsymbol{b}) \times \boldsymbol{c}$, $\boldsymbol{a} \times (\boldsymbol{b} \times \boldsymbol{c})$, $(\boldsymbol{a}, \boldsymbol{b}, \boldsymbol{c})$.

(*Antwort*: $3\boldsymbol{i} - \boldsymbol{j} - 2\boldsymbol{k}$, $-7\boldsymbol{i} + 3\boldsymbol{j} + 5\boldsymbol{k}$, $5\boldsymbol{i} - 7\boldsymbol{j} + 11\boldsymbol{k}$, $2\boldsymbol{i} - 12\boldsymbol{j} + 10\boldsymbol{k}$, 1).

2. Zeige, daß

$$(\boldsymbol{a} \times \boldsymbol{b})^2 = a^2 b^2 - (\boldsymbol{a} \cdot \boldsymbol{b})^2$$

ist.

3. Zeige, daß

$$(\boldsymbol{a} \times \boldsymbol{b}) \cdot (\boldsymbol{a} \times \boldsymbol{c}) \times \boldsymbol{d} = \boldsymbol{a} \cdot \boldsymbol{d}\,(\boldsymbol{a}, \boldsymbol{b}, \boldsymbol{c})$$

gilt.

4. Zeige, daß

$$(\boldsymbol{a} + \boldsymbol{b}) \times (\boldsymbol{a} - \boldsymbol{b}) = 2\boldsymbol{b} \times \boldsymbol{a}$$

ist.

5. Die Ortsvektoren der Ecken A, B, C eines Dreiecks bezüglich eines gegebenen Ursprungs sind $\boldsymbol{a}$, $\boldsymbol{b}$ bzw. $\boldsymbol{c}$. Zeige, daß der senkrechte Abstand von B zu AC gleich

$$\frac{|\boldsymbol{a} \times \boldsymbol{b} + \boldsymbol{b} \times \boldsymbol{c} + \boldsymbol{c} \times \boldsymbol{a}|}{|\boldsymbol{c} - \boldsymbol{a}|}$$

ist.

6. Wenn drei Teilchen, deren Ortsvektoren bezüglich eines Ursprungs O gleich $\boldsymbol{r}_1$, $\boldsymbol{r}_2$, $\boldsymbol{r}_3$ sind, fest mit einer Spindel verbunden sind, die durch O geht und die sich mit konstanter Winkelgeschwindigkeit $\boldsymbol{\omega}$ dreht, zeige, daß sich die Vektorfläche

$$\boldsymbol{A} = \tfrac{1}{2}(\boldsymbol{r}_1 \times \boldsymbol{r}_2 + \boldsymbol{r}_2 \times \boldsymbol{r}_3 + \boldsymbol{r}_3 \times \boldsymbol{r}_1)$$

des durch die Teilchen gebildeten Dreiecks zeitlich wie

$$\frac{d\boldsymbol{A}}{dt} = \frac{1}{2}' \{(\omega_2 - \omega_3)\, \boldsymbol{r}_1 + (\omega_3 - \omega_1)\, \boldsymbol{r}_2 + \omega_1 - \omega_2)\, \boldsymbol{r}_3\}$$

ändert, dabei sind

$$\omega_i = \boldsymbol{\omega} \cdot \boldsymbol{r}_i \quad \text{und} \quad \dot{\boldsymbol{r}}_i = \boldsymbol{\omega} \times \boldsymbol{r}_i, \qquad i = 1, 2, 3.$$

7. Drei Kanten eines Tetraeders OA, OB, OC haben die Längen a, b, c, und die Winkel BOC, COA, AOB sind θ, φ bzw. ψ. Zeige, daß das Volumen V des Tetraeders durch die Formel

$$36\,V^2 = a^2 b^2 c^2 \begin{vmatrix} 1 & \cos\psi & \cos\varphi \\ \cos\psi & 1 & \cos\theta \\ \cos\varphi & \cos\theta & 1 \end{vmatrix}$$

gegeben ist.

8. Zeige, daß

$$\boldsymbol{a} \times (\boldsymbol{b} \times \boldsymbol{c}) + \boldsymbol{b} \times (\boldsymbol{c} \times \boldsymbol{a}) + \boldsymbol{c} \times (\boldsymbol{a} \times \boldsymbol{b}) = 0$$

ist, und leite

$$\begin{aligned} &\boldsymbol{a} \times \{\boldsymbol{b} \times (\boldsymbol{c} \times \boldsymbol{d})\} + \boldsymbol{b} \times \{\boldsymbol{c} \times (\boldsymbol{d} \times \boldsymbol{a})\} + \boldsymbol{c} \\ &\quad \times \{\boldsymbol{d} \times (\boldsymbol{a} \times \boldsymbol{b})\} + \boldsymbol{d} \times \{\boldsymbol{a} \times (\boldsymbol{b} \times \boldsymbol{c})\} \\ &\quad = (\boldsymbol{a} \times \boldsymbol{c}) \times (\boldsymbol{b} \times \boldsymbol{d}) \end{aligned}$$

ab.

9. Zeige, daß

$$\begin{aligned} (\boldsymbol{a} \times \boldsymbol{b}) \times (\boldsymbol{c} \times \boldsymbol{d}) &= (\boldsymbol{a}, \boldsymbol{b}, \boldsymbol{d})\, \boldsymbol{c} - (\boldsymbol{a}, \boldsymbol{b}, \boldsymbol{c})\, \boldsymbol{d} \\ &= (\boldsymbol{a}, \boldsymbol{c}, \boldsymbol{d})\, \boldsymbol{b} - (\boldsymbol{b}, \boldsymbol{c}, \boldsymbol{d})\, \boldsymbol{a} \end{aligned}$$

ist, und beweise: Wenn $\boldsymbol{x}$, $\boldsymbol{y}$, $\boldsymbol{z}$ drei beliebige linear unabhängige Vektoren sind, dann kann jeder beliebige Vektor $\boldsymbol{v}$ in der Form

$$\boldsymbol{v} = \frac{(\boldsymbol{v}, \boldsymbol{y}, \boldsymbol{z})\, \boldsymbol{x}}{(\boldsymbol{x}, \boldsymbol{y}, \boldsymbol{z})} + \frac{(\boldsymbol{v}, \boldsymbol{z}, \boldsymbol{x})\, \boldsymbol{y}}{(\boldsymbol{x}, \boldsymbol{y}, \boldsymbol{z})} + \frac{(\boldsymbol{v}, \boldsymbol{x}, \boldsymbol{y})\, \boldsymbol{z}}{(\boldsymbol{x}, \boldsymbol{y}, \boldsymbol{z})}$$

entwickelt werden.

10. Bestimme die Ableitungen der Vektoren

$$\boldsymbol{a} \times \boldsymbol{r}, \quad \boldsymbol{a} \times (\boldsymbol{b} \times \boldsymbol{r}), \quad \boldsymbol{r} \times (\boldsymbol{a} \times \boldsymbol{r})$$

bezüglich des Skalars s, wobei $\boldsymbol{r}$ eine differenzierbare Vektorfunktion der skalaren Variablen s ist und $\boldsymbol{a}$, $\boldsymbol{b}$ Konstanten sind.

(*Antwort*: $\boldsymbol{a} \times \boldsymbol{r}'$, $\boldsymbol{a} \times (\boldsymbol{b} \times \boldsymbol{r}')$, $\boldsymbol{r}' \times (\boldsymbol{a} \times \boldsymbol{r}) + \boldsymbol{r} \times (\boldsymbol{a} \times \boldsymbol{r}')$, wobei $\boldsymbol{r}' = d\boldsymbol{r}/ds$ ist).

11. Wenn in der Bezeichnungsweise von 3.2.

$$x_i = a_{ij} x_j{}',$$
$$y_i = a_{ij} y_j{}'$$

ist, dann beweise, daß

$$\varepsilon_{ijk} x_j y_k = a_{ij} \varepsilon_{jkl} x_k' y_l'$$

gilt, d. h.

$$(\boldsymbol{x} \times \boldsymbol{y})_i = a_{ij} (\boldsymbol{x} \times \boldsymbol{y})_j' .$$

12. Zwei unabhängige Mengen von Vektoren $\boldsymbol{e}_i$, $\boldsymbol{e}_i'$ $(i = 1, 2, 3)$, die der Gleichung

$$\boldsymbol{e}_i \cdot \boldsymbol{e}_j' = \delta_{ij}$$

genügen, werden *reziproke Mengen* genannt. Zeige, daß

$$\boldsymbol{e}_1' = \frac{\boldsymbol{e}_2 \times \boldsymbol{e}_3}{(\boldsymbol{e}_1, \boldsymbol{e}_2, \boldsymbol{e}_3)}$$

ist, und gib ähnliche Ausdrücke für $\boldsymbol{e}_2'$, $\boldsymbol{e}_3'$, $\boldsymbol{e}_1$, $\boldsymbol{e}_2$, $\boldsymbol{e}_3$ an.

Zeige auch, daß

$$(\boldsymbol{e}_1, \boldsymbol{e}_2, \boldsymbol{e}_3)\,(\boldsymbol{e}_1', \boldsymbol{e}_2', \boldsymbol{e}_3') = 1$$

ist.

Anmerkung: Eine Menge $\boldsymbol{e}_1$, $\boldsymbol{e}_2$, $\boldsymbol{e}_3$ wird *selbstreziprok* genannt, wenn

$$\boldsymbol{e}_i \cdot \boldsymbol{e}_j = \delta_{ij}$$

gilt. Jedes (rechtshändige) System von gegenseitig orthogonalen Einheitsvektoren bildet eine selbstreziproke Menge.

13. Ein Teilchen der Masse m hat die Geschwindigkeit $\boldsymbol{v}$ mit

$$\boldsymbol{v} = \boldsymbol{\omega} \times \boldsymbol{r} .$$

Zeige, daß die kinetische Energie T des Teilchens in der Form

$$T = \tfrac{1}{2}\, m \,\{r^2 \omega^2 - (\boldsymbol{r} \cdot \boldsymbol{\omega})^2\}$$

ausgedrückt werden kann, und leite ab, daß T mit Hilfe des Trägheitstensors, dessen Komponenten gleich T_{ij} sind, als

$$T = \tfrac{1}{2}\, \omega_i T_{ij} \omega_j$$

geschrieben werden kann, wobei

$$T_{ij} = m(r^2\delta_{ij} - r_i r_j).$$

14. Zeige, daß die i-te Komponente des Drehimpulsvektors $\boldsymbol{h} = \boldsymbol{r} \times (m\boldsymbol{v})$ des in Aufgabe 13 beschriebenen Teilchens in der Form

$$T_{ij}\omega_j$$

geschrieben werden kann.

Anmerkung: Für Systeme von vielen Teilchen kann man die Gesamtenergie und den Gesamtdrehimpuls in direkter Weise erhalten, indem man die Summen (oder Integrale, wie in dem Fall eines kontinuierlichen Mediums) über die verschiedenen Teilchen bildet, die das System bilden.

15. Zeige, daß die Operation der Bildung eines Vektorprodukts $\boldsymbol{x} \times \boldsymbol{y}$ von zwei Vektoren $\boldsymbol{x}$ und $\boldsymbol{y}$ als Matrixoperation

$$\begin{bmatrix} 0 & -x_3 & x_2 \\ x_3 & 0 & -x_1 \\ -x_2 & x_1 & 0 \end{bmatrix} \begin{bmatrix} y_1 \\ y_2 \\ y_3 \end{bmatrix}$$

betrachtet werden kann.

16. Benutze das Ergebnis von Aufgabe 15, um die Formeln der Aufgaben 13 und 14 erneut abzuleiten.

5. Vektorgleichungen

5.1. Beispiele

Wenn wir eine Menge von Vektorgleichungen haben, die implizit eine Anzahl von Vektoren $\boldsymbol{x}, \boldsymbol{y}, \ldots$ bestimmen, ist es oft wünschenswert, explizite Ausdrücke für $\boldsymbol{x}, \boldsymbol{y}, \ldots$ zu erhalten. Dieses Problem wollen wir in diesem Kapitel diskutieren.

Beispiel 1. Wenn $\boldsymbol{a}$ und $\boldsymbol{b}$ zwei gegebene Vektoren und k ein nichtverschwindender Skalar sind, bestimme $\boldsymbol{x}$ so, daß

$$k\boldsymbol{x} + \boldsymbol{x} \times \boldsymbol{a} = \boldsymbol{b} \tag{1}$$

ist.

Wenn wir das Kreuzprodukt von Gleichung (1) mit $\boldsymbol{a}$ bilden, erhalten wir

$$k\boldsymbol{a} \times \boldsymbol{x} + \boldsymbol{a} \times (\boldsymbol{x} \times \boldsymbol{a}) = \boldsymbol{a} \times \boldsymbol{b}, \tag{2}$$

und wenn man für $\boldsymbol{a} \times \boldsymbol{x}$ den Ausdruck aus Gleichung (1) einsetzt, kann Gleichung (2) als

$$k(k\boldsymbol{x} - \boldsymbol{b}) + \boldsymbol{a} \times (\boldsymbol{x} \times \boldsymbol{a}) = \boldsymbol{a} \times \boldsymbol{b} \tag{3}$$

geschrieben werden. Durch Entwicklung des dreifachen Produktes wird Gleichung (3) zu

$$k^2\boldsymbol{x} - k\boldsymbol{b} + a^2\boldsymbol{x} - (\boldsymbol{a} \cdot \boldsymbol{x})\,\boldsymbol{a} = \boldsymbol{a} \times \boldsymbol{b}. \tag{4}$$

Wir nehmen schließlich das innere Produkt von (1) mit $\boldsymbol{a}$ und erhalten

$$\boldsymbol{a} \cdot \boldsymbol{x} = \frac{\boldsymbol{a} \cdot \boldsymbol{b}}{k} \tag{5}$$

wegen

$$\boldsymbol{a} \cdot (\boldsymbol{x} \times \boldsymbol{a}) = 0.$$

Wenn also Gleichung (5) benutzt wird, kann Gleichung (4) so umgeformt werden, daß eine explizite Formel für $\boldsymbol{x}$ entsteht, nämlich

$$\boldsymbol{x} = \frac{1}{k^2 + a^2}\left\{\left(\frac{\boldsymbol{a} \cdot \boldsymbol{b}}{k}\right)\boldsymbol{a} + k\boldsymbol{b} + \boldsymbol{a} \times \boldsymbol{b}\right\}. \tag{6}$$

Das obige Ergebnis (6) hätte man systematisch dadurch erhalten können, daß man drei skalare Gleichungen löst, die der Vektorgleichung (1) äquivalent sind. Wir wollen das tun, um die beiden Methoden zu vergleichen. Der erste Schritt ist, einen Satz von drei unabhängigen Vektoren zu wählen, etwa $\boldsymbol{a}$, $\boldsymbol{b}$ und $\boldsymbol{a} \times \boldsymbol{b}$ (sie werden im allgemeinen unabhängig sein, weil $\boldsymbol{a} \times \boldsymbol{b}$ senkrecht auf der Ebene von $\boldsymbol{a}$ und $\boldsymbol{b}$ steht). $\boldsymbol{x}$ kann also in der Form

$$\boldsymbol{x} = \lambda \boldsymbol{a} + \mu \boldsymbol{b} + \nu \boldsymbol{a} \times \boldsymbol{b} \tag{7}$$

entwickelt werden, wobei λ, μ und ν so gewählt werden müssen, daß $\boldsymbol{x}$ der Gleichung (1) genügt. Durch Einsetzen von (7) in Gleichung (1) ergibt sich

$$k(\lambda \boldsymbol{a} + \mu \boldsymbol{b} + \nu \boldsymbol{a} \times \boldsymbol{b}) + \mu \boldsymbol{b} \times \boldsymbol{a} + \nu (\boldsymbol{a} \times \boldsymbol{b}) \times \boldsymbol{a} = \boldsymbol{b}. \tag{8}$$

Weil

$$(\boldsymbol{a} \times \boldsymbol{b}) \times \boldsymbol{a} = a^2 \boldsymbol{b} - (\boldsymbol{a} \cdot \boldsymbol{b})\, \boldsymbol{a}$$

ist, kann Gleichung (8) in der Form

$$\{\lambda k - \nu\, (\boldsymbol{a} \cdot \boldsymbol{b})\}\, \boldsymbol{a} + \{\mu k + a^2\}\, \boldsymbol{b} + \{\nu k - \mu\}\, \boldsymbol{a} \times \boldsymbol{b} = \boldsymbol{b} \tag{9}$$

geschrieben werden. Da $\boldsymbol{a}$, $\boldsymbol{b}$ und $\boldsymbol{a} \times \boldsymbol{b}$ unabhängige Vektoren sind, folgt

$$\lambda k - \nu (\boldsymbol{a} \cdot \boldsymbol{b}) = 0,$$
$$\mu k + a^2 = 1,$$
$$\nu k - \mu = 0.$$

Diese simultanen Gleichungen können gelöst werden und ergeben

$$\lambda = \left(\frac{\boldsymbol{a} \cdot \boldsymbol{b}}{k}\right) \frac{1}{k^2 + a^2},$$

$$\mu = \frac{k}{k^2 + a^2},$$

$$\nu = \frac{1}{k^2 + a^2}.$$

Das ist äquivalent zu dem Ergebnis (6).

Beispiel 2. Zeige, daß (vorausgesetzt $\boldsymbol{a} \cdot \boldsymbol{b} \neq -1$) die Vektorgleichungen

$$\boldsymbol{x} \times \boldsymbol{a} = \boldsymbol{y}, \tag{10}$$

$$\boldsymbol{y} \times \boldsymbol{b} = \boldsymbol{x} \tag{11}$$

nur dann erfüllt werden können, wenn $\boldsymbol{x} = \boldsymbol{y} = \boldsymbol{0}$. Diskutiere den Fall $\boldsymbol{a} \cdot \boldsymbol{b} = -1$.

Wir wollen ein Rechtssystem von gegenseitig orthogonalen Einheitsvektoren $\boldsymbol{i}, \boldsymbol{j}, \boldsymbol{k}$ so wählen, daß

$$\boldsymbol{a} = a_1 \boldsymbol{i},$$

$$\boldsymbol{b} = b_1 \boldsymbol{i} + b_2 \boldsymbol{j}.$$

gilt. Aus Gleichung (10) wird klar, daß $\boldsymbol{y}$ senkrecht zu $\boldsymbol{a}$ sein muß und deshalb in die Form

$$\boldsymbol{y} = \alpha \boldsymbol{j} + \beta \boldsymbol{k}$$

gebracht werden kann, dabei sind α und β Skalare. Wenn wir diese Form für $\boldsymbol{y}$ in Gleichung (11) einsetzen, erhalten wir

$$\boldsymbol{x} = -\beta b_2 \boldsymbol{i} + \beta b_1 \boldsymbol{j} - \alpha b_1 \boldsymbol{k}.$$

Wenn wir die obigen Ausdrücke für $\boldsymbol{x}$ und $\boldsymbol{y}$ in Gleichung (10) einsetzen, ist für die Konsistenz notwendig, daß

$$-\alpha a_1 b_1 \boldsymbol{j} - \beta a_1 b_1 \boldsymbol{k} = \alpha \boldsymbol{j} + \beta \boldsymbol{k}$$

gilt, d. h.

$$\alpha (a_1 b_1 + 1) = \beta (a_1 b_1 + 1) = 0.$$

Vorausgesetzt $\boldsymbol{a} \cdot \boldsymbol{b} \neq -1$, dann ist $\alpha = \beta = 0$ und $\boldsymbol{x} = \boldsymbol{y} = \boldsymbol{0}$ also das gewünschte Ergebnis.

Wenn aber $\boldsymbol{a} \cdot \boldsymbol{b} = -1$ ist, gilt

$$\boldsymbol{x} = -\beta b_2 \boldsymbol{i} + b_1 (\beta \boldsymbol{j} - \alpha \boldsymbol{k}),$$

$$\boldsymbol{y} = \alpha \boldsymbol{j} + \beta \boldsymbol{k},$$

wobei α und β willkürliche Skalare sind.

5.2. Die KEPLER*schen Bahnen*

Die Bewegung der Planeten um die Sonne (als raumfest angenommen) rührt von den Gravitationskräften her, deren Effekt in einer Vektordifferentialgleichung zusammengefaßt werden kann

$$\ddot{\boldsymbol{r}} = -\left(\frac{\mu}{r^3}\right)\boldsymbol{r} \tag{12}$$

$$= -\left(\frac{\mu}{r^2}\right)\hat{\boldsymbol{r}}, \tag{13}$$

wobei $\boldsymbol{r}$ der Ortsvektor (bezüglich der Sonne als Ursprung) des Planeten und μ eine Konstante (gleich dem Produkt aus Gravitationskonstante und Sonnenmasse) sind. Die Bahnen, die von NEWTONschen Teilchen unter dem Einfluß dieses *Kraftgesetzes des umgekehrten Quadrates* beschrieben werden, werden KEPLER*sche Bahnen* genannt nach KEPLER, der eine Reihe von empirischen Gesetzen fand, die die Planetenbewegung bestimmen.

Das Problem, das wir uns selbst stellen, ist die Frage nach dem geometrischen Ort des Punktes P, dessen Ortsvektor $\boldsymbol{r}$ implizit durch Gleichung (12) bestimmt wird.

Wenn wir das Kreuzprodukt von Gleichung (12) mit $\boldsymbol{r}$ nehmen, erhalten wir

$$\boldsymbol{r} \times \ddot{\boldsymbol{r}} = 0 \tag{14}$$

oder

$$\boldsymbol{r} \times \dot{\boldsymbol{r}} = \boldsymbol{h}, \tag{15}$$

wobei $\boldsymbol{h}$ ein konstanter Vektor, der Drehimpuls pro Masseneinheit ist. Gleichung (15) besagt, daß die KEPLERsche Bahn in einer Ebene liegt. Der Vektor senkrecht zu $\boldsymbol{r}$ und $\dot{\boldsymbol{r}}$ (die die momentane Ebene der Bewegung bestimmen) ist konstant.

Das Ergebnis (15) kann mit (12) kombiniert werden, dann folgt

$$\ddot{\boldsymbol{r}} \times \boldsymbol{h} = \frac{-\mu \boldsymbol{r} \times (\boldsymbol{r} \times \dot{\boldsymbol{r}})}{r^3}$$

$$= \frac{-\mu}{r^3} \{(\boldsymbol{r} \cdot \dot{\boldsymbol{r}})\, \boldsymbol{r} - r^2 \dot{\boldsymbol{r}}\}$$

$$= \frac{-\mu}{r^2} \left\{\frac{(\boldsymbol{r} \cdot \dot{\boldsymbol{r}})}{r} \boldsymbol{r} - r \dot{\boldsymbol{r}}\right\}.$$

Nun ist

$$\frac{\boldsymbol{r} \cdot \dot{\boldsymbol{r}}}{r} = \hat{\boldsymbol{r}} \cdot \dot{\boldsymbol{r}}$$

gleich dem Betrag der radialen Geschwindigkeitskomponente und hat so den Wert $\dot{r}$. Es gilt also

$$\ddot{\boldsymbol{r}} \times \boldsymbol{h} = \frac{-\mu (\dot{r} \boldsymbol{r} - r \dot{\boldsymbol{r}})}{r^2}$$

$$= \mu \frac{d}{dt} \left(\frac{\boldsymbol{r}}{r}\right)$$

$$= \mu \frac{d \hat{\boldsymbol{r}}}{dt}. \tag{16}$$

Wir wollen nun Gleichung (16) integrieren und erhalten

$$\dot{\boldsymbol{r}} \times \boldsymbol{h} = \mu \hat{\boldsymbol{r}} + \boldsymbol{d}, \tag{17}$$

wobei $\boldsymbol{d}$ ein konstanter Vektor ist. Es ist ziemlich leicht zu sehen, daß $\boldsymbol{d}$ in der Bahnebene liegen muß, weil $\dot{\boldsymbol{r}} \times \boldsymbol{h}$ und $\boldsymbol{r}$ es tun. Wenn $\boldsymbol{r}$ in der Richtung mit $\boldsymbol{d}$ zusammenfällt, dann ist die rechte Seite von Gleichung (17) proportional zu $\boldsymbol{d}$; wenn der entsprechende Wert von $\dot{\boldsymbol{r}}$ gleich $\boldsymbol{v}$ ist, haben wir

$$\boldsymbol{v} \times \boldsymbol{h} = \lambda \boldsymbol{d},$$

wobei λ ein bestimmter Skalar ist. Es ist klar, daß

$$\boldsymbol{v} \cdot \boldsymbol{d} = 0$$

ist, weil

$$\boldsymbol{v} \cdot (\boldsymbol{v} \times \boldsymbol{h}) = 0$$

gilt. $\boldsymbol{d}$ hat also die Richtung des Ortsvektors von der Sonne zu einem Punkt auf der Bahn, an dem die Geschwindigkeits- und Ortsvektoren senkrecht zueinander sind. Ein solcher Punkt wird eine *Apside* genannt. Wir sagen, daß $\boldsymbol{d}$ entlang einer *Apsidenlinie* liegt.

Wir wollen nun das innere Produkt von Gleichung (17) mit $\boldsymbol{r}$ bilden; wir erhalten

$$\boldsymbol{r} \cdot (\dot{\boldsymbol{r}} \times \boldsymbol{h}) = \mu r + \boldsymbol{d} \cdot \boldsymbol{r}$$

oder

$$(\boldsymbol{r} \times \dot{\boldsymbol{r}}) \cdot \boldsymbol{h} = \mu r + \boldsymbol{d} \cdot \boldsymbol{r}. \qquad (18)$$

Aber von Gleichung (15) wissen wir, daß $\boldsymbol{r} \times \dot{\boldsymbol{r}} = \boldsymbol{h}$ ist, so daß Gleichung (18) zu

$$h^2 = \mu r + \boldsymbol{d} \cdot \boldsymbol{r} \qquad (19)$$

oder

$$\frac{h^2/\mu}{r} = 1 + \frac{\boldsymbol{d} \cdot \boldsymbol{r}}{\mu r}$$

$$= 1 + \frac{d}{\mu} \cos \theta \qquad (20)$$

wird. Dabei sind r und θ die ebenen Polarkoordinaten eines allgemeinen Punktes auf der Bahn (Abb. 29). Nun ist die Polargleichung eines Kegelabschnitts mit der

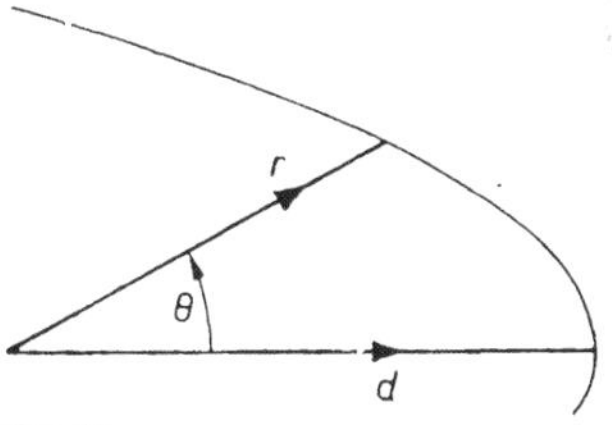

Abb. 29

numerischen Exzentrizität e und dem Parameter l

$$\frac{l}{r} = 1 + e \cos\theta . \tag{21}$$

Wir können die Konstanten also wie folgt identifizieren

$$h^2/\mu = l, \tag{22}$$

$$d/\mu = e. \tag{23}$$

Der geometrische Ort eines Teilchens, das sich unter dem Einfluß einer Kraft bewegt, ist also ein Kegelschnitt.

5.3. *Die Formeln von* Frenet-Serret

Wir wollen annehmen, daß eine Kurve γ in einem dreidimensionalen Raum mit Hilfe eines Parameters t (in der Physik wird t als Zeit angegeben) durch eine Vektorgleichung

$$\boldsymbol{r} = \boldsymbol{r}(t) \tag{24}$$

bestimmt werden kann. Aus Abb. 17 (S. 32) wird klar, daß wir in dem Grenzfall $\delta t \to 0$

$$|\delta \boldsymbol{r}| = \delta s \tag{25}$$

haben. Dabei ist s die Bogenlänge, positiv in Richtung wachsenden t gemessen. Wenn wir vereinbaren, die Differentiation nach t durch einen Punkt zu bezeichnen, können wir schreiben

$$\dot{s} = \frac{ds}{dt} = \left|\frac{d\boldsymbol{r}}{dt}\right| = |\dot{\boldsymbol{r}}| . \tag{26}$$

In dem Grenzfall $\delta t \to 0$ definiert der Vektor $\delta \boldsymbol{r}$ eine Richtung tangential zu der Kurve γ, und wir definieren den *Tangenteneinheitsvektor* $\boldsymbol{T}$ als

$$\boldsymbol{T} = \frac{d\boldsymbol{r}}{ds} = \frac{d\boldsymbol{r}}{dt} \cdot \frac{dt}{ds} = \frac{\dot{\boldsymbol{r}}}{\dot{s}}. \tag{27}$$

Wenn der Ortsvektor eines Punktes der Kurve γ mit $\boldsymbol{r}_P$ und der entsprechende Tangenteneinheitsvektor mit $\boldsymbol{T}_P$ bezeichnet werden, dann wird der Vektor $\boldsymbol{r}$ gegeben durch

$$\boldsymbol{r} = \boldsymbol{r}_P + \lambda \boldsymbol{T}_P. \tag{28}$$

Dabei ist λ irgendein Skalar und $\boldsymbol{r}$ ist der Ortsvektor eines Punktes der Tangente, die bei P an die Kurve gelegt wird (Abb. 30). Gleichung (28) wird deshalb als *Tangentengleichung* zu γ bei P bezeichnet.

Der Punkt, dessen Ortsvektor $\boldsymbol{r}$ die Vektorgleichung

$$(\boldsymbol{r} - \boldsymbol{r}_P) \cdot \boldsymbol{T}_P = 0 \tag{29}$$

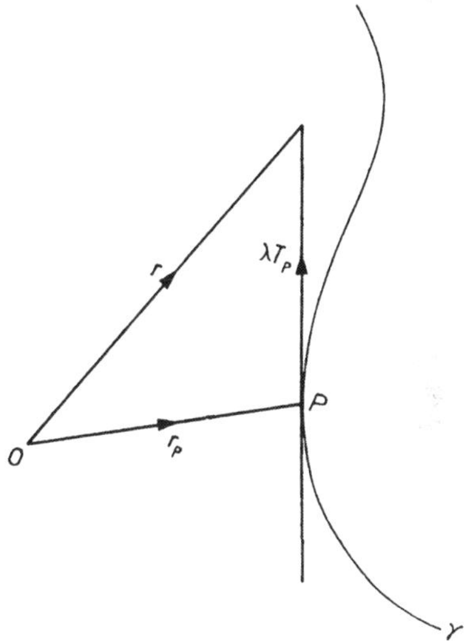

Abb. 30

erfüllt, liegt offenbar in einer Ebene, die durch P geht und die senkrecht zu $\boldsymbol{T}_P$ ist. Gleichung (29) ist deshalb die *Gleichung der Normalenebene* zu γ bei P.

Die *Krümmung* $\varkappa$ von γ ist definiert als die Änderung des Richtungswinkels zweier aufeinanderfolgender Tangentenvektoren als Funktion der Bogenlänge, d. h.

$$\varkappa = \left|\frac{d\boldsymbol{T}}{ds}\right|. \tag{30}$$

Da nun $\boldsymbol{T} \cdot \boldsymbol{T} = 1$ ist, folgt $\boldsymbol{T} \cdot d\boldsymbol{T}/ds = 0$, so daß

$$\frac{d\boldsymbol{T}}{ds} = \varkappa \boldsymbol{N} \tag{31}$$

gilt. Dabei ist $\boldsymbol{N}$ ein Einheitsvektor senkrecht zu $\boldsymbol{T}$ derart, daß $\varkappa$ nicht negativ ist. Der Einheitsvektor $\boldsymbol{N}$ wird *Hauptnormaleneinheitsvektor* genannt.

Wenn $\delta\psi$ der Winkel zwischen aufeinanderfolgenden Positionen des Tangenteneinheitsvektors ist, dann gilt

$$\begin{aligned}\varkappa &= \lim_{\delta s \to 0}\left|\frac{\delta\boldsymbol{T}}{\delta s}\right| \\ &= \lim_{\delta s \to 0}\left|\frac{2\sin\frac{1}{2}\delta\psi}{\delta s}\right| \\ &= \lim_{\delta s \to 0}\left|\frac{\sin\frac{1}{2}\delta\psi}{\frac{1}{2}\delta\psi}\cdot\frac{\delta\psi}{\delta s}\right| \\ &= \frac{d\psi}{ds},\end{aligned} \tag{32}$$

weil

$$\lim_{\theta \to 0}\frac{\sin\theta}{\theta} = 1 \tag{33}$$

ist. Die Krümmung kann also mit Hilfe des Vektors $\boldsymbol{r}$ und seiner Ableitung nach t in der Form

$$\varkappa = \frac{|\dot{\boldsymbol{r}} \times \ddot{\boldsymbol{r}}|}{|\dot{\boldsymbol{r}}|^3} \tag{34}$$

ausgedrückt werden. Diese Formel folgt aus

$$\begin{aligned}\dot{\boldsymbol{r}} \times \ddot{\boldsymbol{r}} &= (\dot{s}\boldsymbol{T}) \times (\varkappa \dot{s}^2 \boldsymbol{N} + \ddot{s}\boldsymbol{T}) \\ &= \varkappa \dot{s}^3 \boldsymbol{T} \times \boldsymbol{N},\end{aligned}$$

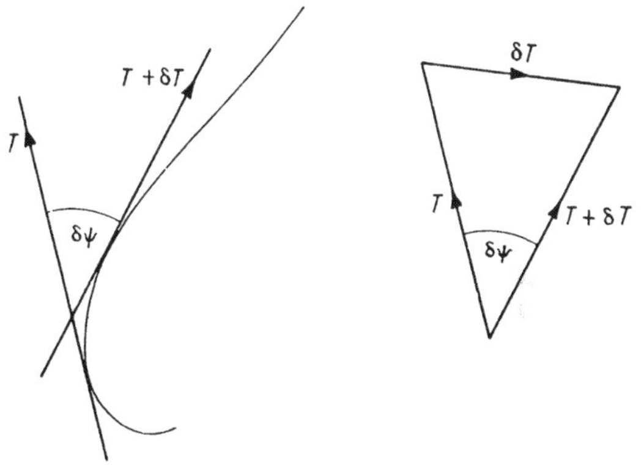

Abb. 31

wobei, Gleichung (27) benutzt wurde, um einen Ausdruck für $\ddot{\boldsymbol{r}}$ abzuleiten.

Die Größe

$$\varrho = \varkappa^{-1} \tag{35}$$

hat die Dimension einer Länge und wird *Krümmungsradius* genannt.

Der Einheitsvektor

$$\boldsymbol{B} = \boldsymbol{T} \times \boldsymbol{N}, \tag{36}$$

der zusammen mit $\boldsymbol{T}$ und $\boldsymbol{N}$ ein Rechtssystem von gegenseitig orthogonalen Einheitsvektoren bildet, wird als *Binormaleneinheitsvektor* bezeichnet.

Nun gilt

$$\begin{aligned}\frac{d\boldsymbol{B}}{ds} &= \frac{d\boldsymbol{T}}{ds} \times \boldsymbol{N} + \boldsymbol{T} \times \frac{d\boldsymbol{N}}{ds} \\ &= \varkappa \boldsymbol{N} \times \boldsymbol{N} + \boldsymbol{T} \times \frac{d\boldsymbol{N}}{ds} \\ &= \boldsymbol{T} \times \frac{d\boldsymbol{N}}{ds},\end{aligned} \tag{37}$$

so daß $d\boldsymbol{B}/ds$ senkrecht zu $\boldsymbol{T}$ wird. Es ist weiterhin senkrecht zu $\boldsymbol{B}$, weil $\boldsymbol{B}^2 = 1$ die Gleichung $\boldsymbol{B} \cdot d\boldsymbol{B}/ds = 0$ impliziert. $d\boldsymbol{B}/ds$ muß also in der Richtung des Einheitsvektors $\boldsymbol{N}$ liegen, d. h.

$$\frac{d\boldsymbol{B}}{ds} = -\tau \boldsymbol{N}, \tag{38}$$

wobei der Skalar τ als *Torsion* oder *Windung* bezeichnet wird. Die Größe τ mißt die Änderung des Winkels zwischen aufeinanderfolgenden Binormalenvektoren, bezogen auf die Bogenlänge, und ist positiv, wenn die Richtung der Drehung des Dreibeins $\boldsymbol{T}$, $\boldsymbol{N}$, $\boldsymbol{B}$ mit zunehmendem s dem Sinn einer Rechtsschraube entspricht.

Es kann gezeigt werden (Übungen 5, Aufgabe 7), daß die Windung in der Form

$$\tau = \frac{(\dot{\boldsymbol{r}}, \ddot{\boldsymbol{r}}, \dddot{\boldsymbol{r}})}{|\dot{\boldsymbol{r}} \times \ddot{\boldsymbol{r}}|^2} \tag{39}$$

ausgedrückt werden kann.

Die *Schmiegeebene* zu γ bei P ist die Ebene, die in dem Grenzfall $\delta \boldsymbol{r}_P \to 0$ die Tangenten an die Kurve an den Punkten enthält, deren Ortsvektoren $\boldsymbol{r}_P$ und $\boldsymbol{r}_P + \delta \boldsymbol{r}_P$ sind, d. h. die Ebene von $\boldsymbol{T}_P$ und $\boldsymbol{N}_P$, dem Tangenteneinheitsvektor und den Hauptnormalenvektor am Punkt P. Der Punkt, für dessen Ortsvektor $\boldsymbol{r}$

$$(\boldsymbol{r} - \boldsymbol{r}_P) \cdot \boldsymbol{B}_P = 0 \tag{40}$$

gilt, liegt offenbar in einer Ebene, die den Punkt P enthält und senkrecht zu $\boldsymbol{B}_P$, dem Binormaleneinheitsvektor bei P, liegt. Gleichung (40) ist deshalb die *Gleichung der Schmiegeebene* zu γ bei P.

Die Änderung des Vektors $\boldsymbol{N}$ mit der Bogenlänge ist gegeben durch die Formel

$$\begin{aligned}\frac{d\boldsymbol{N}}{ds} &= \frac{d\boldsymbol{B}}{ds} \times \boldsymbol{T} + \boldsymbol{B} \times \frac{d\boldsymbol{T}}{ds} \\ &= -\tau \boldsymbol{N} \times \boldsymbol{T} + \varkappa \boldsymbol{B} \times \boldsymbol{N} \\ &= \tau \boldsymbol{B} - \varkappa \boldsymbol{T}. \end{aligned} \tag{41}$$

Die Formeln (31), (38) und (41) werden als die *Formeln von* FRENET-SERRET bezeichnet.

Übungen 5

1. Wenn ein beliebiger Vektor $\boldsymbol{r}$ in der Form

$$\boldsymbol{r} = \alpha \boldsymbol{a} + \beta \boldsymbol{b} + \gamma \boldsymbol{c}$$

entwickelt werden kann, wobei $\boldsymbol{a}$, $\boldsymbol{b}$, $\boldsymbol{c}$ drei bestimmte Vektoren und α, β, γ drei skalare Funktionen von $\boldsymbol{r}$ sind, dann zeige, daß $\boldsymbol{r}$ auch in der Form

$$\boldsymbol{r} = \delta \boldsymbol{b} \times \boldsymbol{c} + \varepsilon \boldsymbol{c} \times \boldsymbol{a} + \varphi \boldsymbol{a} \times \boldsymbol{b}$$

entwickelt werden kann, und bestimme die funktionalen Formen von δ, ε, φ.

(*Antwort*: $\boldsymbol{a}$, $\boldsymbol{b}$, $\boldsymbol{c}$ bilden eine unabhängige Menge von Vektoren: $\delta = (\boldsymbol{a} \cdot \boldsymbol{r})/(\boldsymbol{a}, \boldsymbol{b}, \boldsymbol{c})$, $\varepsilon = (\boldsymbol{b} \cdot \boldsymbol{r})/(\boldsymbol{a}, \boldsymbol{b}, \boldsymbol{c})$ $\varphi = (\boldsymbol{c} \cdot \boldsymbol{r})/(\boldsymbol{a}, \boldsymbol{b}, \boldsymbol{c})$).

2. Löse die Vektorgleichung

$$2\boldsymbol{x} + (\boldsymbol{a} \cdot \boldsymbol{x})\, \boldsymbol{a} + (\boldsymbol{a} \times \boldsymbol{c}) + \boldsymbol{b} = 0$$

nach $\boldsymbol{x}$ auf, $\boldsymbol{a}$ und $\boldsymbol{b}$ sind dabei Einheitsvektoren.

(*Antwort*: $\boldsymbol{x} = \{(\boldsymbol{a} \cdot \boldsymbol{b})\, \boldsymbol{a} - 6\boldsymbol{b} + 3\boldsymbol{a} \times \boldsymbol{b}\}/15$)

3. Löse die gekoppelten Vektorgleichungen

$$\boldsymbol{x} + (\boldsymbol{a} \times \boldsymbol{y}) = \boldsymbol{b},$$
$$\boldsymbol{y} + (\boldsymbol{a} \times \boldsymbol{x}) = \boldsymbol{c}$$

nach $\boldsymbol{x}$ und $\boldsymbol{y}$ auf und stelle diese Vektoren mit Hilfe der gegebenen Vektoren $\boldsymbol{a}$, $\boldsymbol{b}$, $\boldsymbol{c}$ dar.

(*Antwort*: $\boldsymbol{x} = \{(\boldsymbol{a} \cdot \boldsymbol{b})\, \boldsymbol{a} + \boldsymbol{b} - \boldsymbol{a} \times \boldsymbol{c}\}/(1 + a^2)$
$\boldsymbol{y} = \{(\boldsymbol{a} \cdot \boldsymbol{c})\, \boldsymbol{a} + \boldsymbol{c} - \boldsymbol{a} \times \boldsymbol{b}\}/(1 + a^2)$.)

4. Wenn $\boldsymbol{x} = \boldsymbol{x}_0$ eine Lösung der Vektorgleichung

$$\boldsymbol{x} \times \boldsymbol{a} + \alpha \boldsymbol{a} = \boldsymbol{b}$$

ist, wobei $\boldsymbol{a}$ und $\boldsymbol{b}$ gegebene Vektoren und α ein Skalar sind, dann zeige, daß $\boldsymbol{x} = \boldsymbol{x}_0 + \lambda \boldsymbol{a}$ auch eine Lösung ist, wobei λ ein beliebiger Skalar sein darf.

Man suche einen Vektor $\boldsymbol{x}_0$ der Form

$$\mu \boldsymbol{b} + \nu \boldsymbol{a} \times \boldsymbol{b},$$

wobei μ und ν Skalare sind, und zeige, daß die gegebene Gleichung nur dann Lösungen hat, wenn $\alpha = (\boldsymbol{a} \cdot \boldsymbol{b})/a^2$ ist, und daß die allgemeinste Lösung

$$\boldsymbol{x} = \frac{\boldsymbol{a} \times \boldsymbol{b}}{a^2} + \lambda \boldsymbol{a}$$

lautet mit einem beliebigen Skalar λ.
(*Hinweis*: siehe Beispiel 1 und speziell Gleichung (7).)

5. Wenn

$$\boldsymbol{r}' = \boldsymbol{r} + \{(\beta - 1)\, \boldsymbol{v} \cdot \boldsymbol{r}/v^2 - \beta t\} \boldsymbol{v},$$
$$t' = \beta (t - \boldsymbol{v} \cdot \boldsymbol{r}/c^2)$$

ist, dann zeige, daß

$$\boldsymbol{r} = \boldsymbol{r}' + \{(\beta - 1)\, \boldsymbol{v} \cdot \boldsymbol{r}'/v^2 + \beta t'\} \boldsymbol{v},$$
$$t = \beta (t' + \boldsymbol{v} \cdot \boldsymbol{r}'/c^2)$$

gilt mit

$$\beta = c/\sqrt{(c^2 - v^2)}.$$

Bemerkung: Die in dieser Aufgabe gegebene Transformation ist die LORENTZ-*Transformation der speziellen Relativitätstheorie.* Die Größen $(\boldsymbol{r}, t)$ und $(\boldsymbol{r}', t')$ sind der Ortsvektor bzw. die Zeit in zwei Bezugssystemen, die sich relativ zueinander mit der Geschwindigkeit $\boldsymbol{v}$ bewegen. Die Konstante c ist die Lichtgeschwindigkeit. Es wurde experimentell bewiesen, daß c unabhängig von der Bewegung von Beobachter und Lichtquelle den gleichen Wert hat.

6. Ein Teilchen bewegt sich unter dem Einfluß einer Kraft $\sim r^{-2}$ auf einer Bahn. Zeige in der Bezeichnungsweise von 5.2., daß

$$\frac{\dot{\boldsymbol{r}} \times \boldsymbol{h}}{h} = \frac{\mu}{h}\left(\frac{\boldsymbol{r}}{r}\right) + \left(\frac{\mu e}{h}\right)\boldsymbol{i}$$

gilt, wobei $\boldsymbol{i}$ ein Einheitsvektor entlang einer Apsidenlinie ist.

Beweise, daß die Geschwindigkeit in solch einer Bahn in zwei Komponentenvektoren (nicht orthogonal) zerlegt werden kann, einen mit dem konstanten Betrag μ/h senkrecht zu dem Radiusvektor und den anderen mit dem konstanten Betrag $\mu e/h$ senkrecht zu der Apsidenlinie.

7. Zeige, daß in der Bezeichnungsweise von 5.3.

$$\dddot{\boldsymbol{r}} = \dddot{s}\,\boldsymbol{T} + 3\ddot{s}\dot{s}\,\frac{d\boldsymbol{T}}{ds} + \dot{s}^3\frac{d^2\boldsymbol{T}}{ds^2}$$

und

$$\frac{d^2\boldsymbol{T}}{ds^2} = \varkappa'\boldsymbol{N} - \varkappa^2\boldsymbol{T} + \varkappa\tau\boldsymbol{B}$$

gilt.

Leite ab, daß

$$\tau = \frac{(\dot{\boldsymbol{r}}, \ddot{\boldsymbol{r}}, \dddot{\boldsymbol{r}},)}{|\dot{\boldsymbol{r}} \times \ddot{\boldsymbol{r}}|^2}$$

ist.

8. Zeige, daß für einen beliebigen Punkt einer ebenen Kurve die Schmiegeebene die Ebene ist, die die Kurve selbst enthält.

9. Zeige, daß Krümmung und Windung der Schraubenkurve

$$\boldsymbol{r} = a \cos \theta \boldsymbol{i} + a \sin \theta \boldsymbol{j} + b\theta \boldsymbol{k}$$

Konstanten sind, wobei a und b Konstanten und θ ein Parameter sind.

(*Antwort*: $\varkappa = a/(a^2 + b^2)$, $\tau = b/(a^2 + b^2)$)

10. Zeige, daß ein Vektor $\boldsymbol{D}$ existiert, so daß

$$\frac{d\boldsymbol{T}}{ds} = \boldsymbol{D} \times \boldsymbol{T}, \quad \frac{d\boldsymbol{N}}{ds} = \boldsymbol{D} \times \boldsymbol{N}, \quad \frac{d\boldsymbol{B}}{ds} = \boldsymbol{D} \times \boldsymbol{B}$$

ist.

(*Antwort*: $\boldsymbol{D} = \tau \boldsymbol{T} + \varkappa \boldsymbol{B}$)

6. Verschiebungen starrer Körper

6.1. Der Satz von Euler

Es ist unmöglich, einen starren Körper zu bewegen, ohne daß einer eines gegebenen Tripels von nichtkollinearen Punkten seine Lage ändert. Es ist deshalb notwendig, die Ortsvektoren von drei Punkten eines starren Körpers anzugeben, um den Körper im Raum zu lokalisieren. Das bedeutet natürlich nicht, daß neun ($9 = 3 \times 3$) Koordinaten notwendig sind, um die Lage eines starren Körpers zu bestimmen. Da die Entfernung zwischen zwei beliebigen Punkten eines starren Körpers fest ist, sind nur sechs ($6 = 9 - 3$) Koordinaten notwendig.

Jede Verschiebung eines starren Körpers, die die Lage eines gegebenen Punktes O nicht ändert, kann durch eine Rotation um eine Achse durch O bewirkt werden (*Satz von* EULER). Wir wollen eine Kugel mit dem Mittelpunkt in O konstruieren und wollen die Lage des starren Körpers durch drei Punkte OPQ festlegen, P und Q liegen dabei

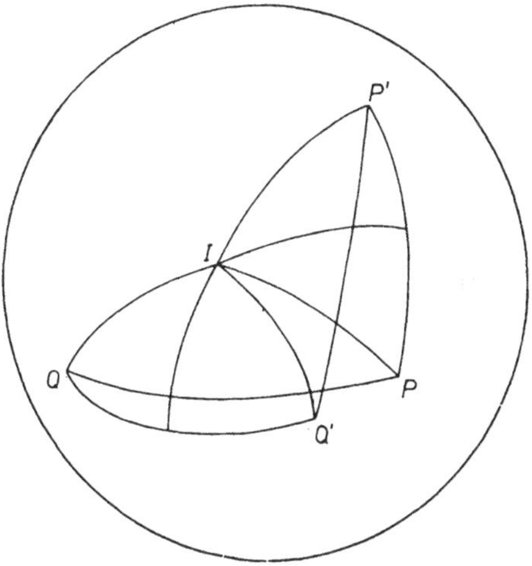

Abb. 32. Sphärische Dreiecke

auf der Kugel. Bei der Verschiebung mögen die Punkte P und Q in die Punkte P' bzw. Q' verschoben werden (Abb. 32). Wir verbinden PP' und QQ' durch große Kreisbögen auf der Kugel, I möge einer der Schnittpunkte der Mittelsenkrechten von PP' und QQ' auf der Kugel sein. Dann ist

$$IP = IP', \tag{1}$$

$$IQ = IQ' \tag{2}$$

durch die Konstruktion und

$$PQ = P'Q', \tag{3}$$

da P, Q und P', Q' die Lagen des gleichen Paars von Punkten eines starren Körpers zu verschiedenen Zeiten sind. Die sphärischen Dreiecke IPQ und $IP'Q'$ sind deshalb kongruent, und eine Drehung um OI um einen Winkel PIP' oder äquivalent QIQ' bringt den Punkt P in Koinzidenz mit P' und den Punkt Q in Koinzidenz mit Q'.

Es folgt nun, daß eine allgemeine Verschiebung eines starren Körpers durch eine einzelne Translation (lineare Verschiebung), gefolgt von einer einzelnen Rotation, verwirklicht werden kann. Wir betrachten eine Verschiebung, bei der die Punkte O, P, Q eines starren Körpers in die Punkte O', P', Q' verschoben werden. Wenn jeder Punkt des Körpers der Translation $\overrightarrow{OO'}$ unterworfen wird, dann geht der Punkt O in den Punkt O' über, während die Punkte P und Q in die Punkte P'' bzw. Q'' verschoben werden. Es folgt aus der Diskussion des vorigen Abschnitts, daß die Punkte P'' und Q'' in die Punkte P' und Q' durch eine passende Drehung um eine Achse durch O' gebracht werden können.

6.2. Infinitesimale Rotationen

In der theoretischen Mechanik spielen infinitesimale Verschiebungen eine grundlegende Rolle, und in diesem Abschnitt wollen wir infinitesimale Rotationen betrachten.

In Beispiel 4, Kapitel 4, sahen wir, daß eine infinitesimale Rotation um $\delta\theta$ in einem Rechtssinn um eine Achse in Richtung des Einheitsvektors $\boldsymbol{n}$ durch O durch den Vektor

$$\boldsymbol{\varepsilon} = \delta\theta\,\boldsymbol{n} \tag{4}$$

dargestellt werden kann in der Form, daß der Punkt P,

dessen Ortsvektor bezüglich O gleich $\boldsymbol{r}$ ist, durch die Rotation in den Punkt P' verschoben wird, dessen Ortsvektor

$$\boldsymbol{r}' = \boldsymbol{r} + \boldsymbol{\varepsilon} \times \boldsymbol{r} \tag{5}$$

ist.

Wir werden nun ein wichtiges Ergebnis beweisen, nämlich, daß infinitesimale Rotationen durch das Dreiecksgesetz der Addition verknüpft werden können.

Wir wollen die Verschiebung des Punktes, dessen Ortsvektor bezüglich O gleich $\boldsymbol{r}$ ist, betrachten, die durch aufeinanderfolgende infinitesimale Rotationen $\boldsymbol{\varepsilon}_1$ und $\boldsymbol{\varepsilon}_2$ um die Winkel $\delta\theta_1$ und $\delta\theta_2$ in einem Rechtssinn um die Einheitsvektoren $\boldsymbol{n}_1$ und $\boldsymbol{n}_2$ durch O verwirklicht wird. Aus Gleichung (5) ist ersichtlich, daß die erste Drehung die Verschiebung von P in einen Punkt P_1 bewirkt, dessen Ortsvektor bezüglich O gleich

$$\boldsymbol{r}_1 = \boldsymbol{r} + \boldsymbol{\varepsilon}_1 \times \boldsymbol{r} \tag{6}$$

ist. In ähnlicher Weise verursacht die zweite Drehung, daß der Punkt P_1 in einen Punkt P_{12} verschoben wird, dessen Ortsvektor in erster Ordnung in $\boldsymbol{\varepsilon}_1$ und $\boldsymbol{\varepsilon}_2$ gleich

$$\begin{aligned} \boldsymbol{r}_{12} &= \boldsymbol{r}_1 + \boldsymbol{\varepsilon}_2 \times \boldsymbol{r}_1 \\ &= \boldsymbol{r} + \boldsymbol{\varepsilon}_1 \times \boldsymbol{r} + \boldsymbol{\varepsilon}_2 \times \boldsymbol{r} + \boldsymbol{\varepsilon}_2 \times (\boldsymbol{\varepsilon}_1 \times \boldsymbol{r}) \\ &= \boldsymbol{r} + (\boldsymbol{\varepsilon}_1 + \boldsymbol{\varepsilon}_2) \times \boldsymbol{r} \end{aligned} \tag{7}$$

ist. Die Wirkung von aufeinanderfolgenden Rotationen um infinitesimal kleine Winkel ist also die gleiche wie die einer einzigen infinitesimalen Drehung, die durch den Vektor

$$\boldsymbol{\varepsilon}_{12} = \boldsymbol{\varepsilon}_1 + \boldsymbol{\varepsilon}_2 \tag{8}$$

dargestellt wird; die Drehung erfolgt dabei um eine Achse durch O. Die Ordnung, in der die infinitesimalen Rotationen ausgeführt werden, ist dabei unwesentlich. Wenn wir endliche (anstatt infinitesimale) Drehungen diskutieren, werden wir sehen, daß im allgemeinen die Reihenfolge der Operationen wichtig ist.

6.3. Schraubenförmige Verschiebungen

Wir betrachten nun eine einzelne infinitesimale Rotation $\boldsymbol{\varepsilon}_i$ um den Winkel $\delta\theta_i$ in einem Rechtssinn um einen Einheitsvektor $\boldsymbol{n}_i$ durch einen Punkt P_i, dessen Ortsvektor bezüglich O gleich $\boldsymbol{r}_i$ ist. Wenn nun der Punkt P, dessen Ortsvektor $\boldsymbol{r}$ ist, durch die Rotation in den Punkt P' verschoben wird, dessen Ortsvektor gleich $\boldsymbol{r}'$ ist, dann gilt

$$\begin{aligned} \boldsymbol{r}' - \boldsymbol{r} &= \boldsymbol{\varepsilon}_i \times (\boldsymbol{r} - \boldsymbol{r}_i) \\ &= \boldsymbol{\varepsilon}_i \times \boldsymbol{r} + \boldsymbol{r}_i \times \boldsymbol{\varepsilon}_i . \end{aligned} \tag{9}$$

Die gegebene Rotation ist also äquivalent einer Rotation um eine Achse durch O, dargestellt durch den Vektor $\boldsymbol{\varepsilon}_i$, zusammen mit einer Translation $\boldsymbol{r}_i \times \boldsymbol{\varepsilon}_i$ des ganzen Körpers. Es muß bemerkt werden, daß diese Translation unabhängig von dem betrachteten Punkt P ist.

Wir wollen annehmen, daß wir eine Menge von Vektoren $\boldsymbol{\varepsilon}_i$, $i = 1, 2, \ldots, n$, haben, die infinitesimale Drehungen um Achsen durch verschiedene Punkte P_i, $i = 1, 2, \ldots, n$, darstellen; die Ortsvektoren dieser Punkte bezüglich O sind r_i, $i = 1, 2, \ldots, n$. Es folgt unmittelbar aus Gleichung (9), daß dieses System von infinitesimalen Rotationen äquivalent einer einzelnen Drehung um eine Achse durch O ist, die durch den Vektor

$$\boldsymbol{\varepsilon} = \sum_{i=1}^{n} \boldsymbol{\varepsilon}_i \tag{10}$$

dargestellt wird, zusammen mit einer Translation

$$\boldsymbol{\delta} = \sum_{i=1}^{n} \boldsymbol{r}_i \times \boldsymbol{\varepsilon}_i \tag{11}$$

des ganzen Körpers.

Wir wollen einen Punkt O' so wählen, daß $\overrightarrow{OO'} = \boldsymbol{a}$ ist, und wir wollen die Vektoren $\boldsymbol{\varepsilon}'$ und $\boldsymbol{\delta}'$ berechnen, die die äquivalente Rotation bzw. Verschiebung für eine

Reduktion des gegebenen Systems von infinitesimalen Verschiebungen zu O' beschreiben.

Es ist klar, daß

$$\boldsymbol{\varepsilon}' = \boldsymbol{\varepsilon} \tag{12}$$

und

$$\begin{aligned}\boldsymbol{\delta}' &= \sum_{i=1}^{n} (\boldsymbol{r}_i - \boldsymbol{a}) \times \boldsymbol{\varepsilon} \\ &= \boldsymbol{\delta} - \boldsymbol{a} \times \boldsymbol{\varepsilon}\end{aligned} \tag{13}$$

gelten.

Wenn $\boldsymbol{\varepsilon} \neq \boldsymbol{0}$, dann kann man O' so wählen, daß $\boldsymbol{\varepsilon}'$ und $\boldsymbol{\delta}'$ parallel sind, d. h.

$$\boldsymbol{\delta}' = p\boldsymbol{\varepsilon}' = p\boldsymbol{\varepsilon}, \tag{14}$$

wobei p ein Skalar ist. Die Annahme (14) folgt, vorausgesetzt, daß $\boldsymbol{a}$ so gewählt werden kann, daß es die Vektorgleichung

$$\boldsymbol{\delta} - \boldsymbol{a} \times \boldsymbol{\varepsilon}' = p\boldsymbol{\varepsilon},$$

erfüllt, die die gleiche Form hat wie die von Aufgabe 4, Übungen 5. Der allgemeinste Vektor $\boldsymbol{a}$, der Gleichung (14) genügt, lautet

$$\boldsymbol{a} = \frac{\boldsymbol{\varepsilon} \times \boldsymbol{\delta}}{\varepsilon^2} + \lambda\boldsymbol{\varepsilon}, \tag{15}$$

wobei λ ein beliebiger Skalar ist. Die Linie der Punkte, die durch Gleichung (15) definiert wird, wird Poinsot*sche Zentralachse* genannt.

Eine Verschiebung, die eine Translation und eine Rotation um eine parallele Achse umfaßt, wird *Schraubenverschiebung* genannt. Der Skalar p (Gleichung (14)) wird *Ganghöhe* der Schraube genannt. Die Ganghöhe p wird leicht nach der Formel

$$p = \frac{\boldsymbol{\varepsilon} \cdot \boldsymbol{d}}{\varepsilon^2} \tag{16}$$

berechnet, die trivialerweise aus Gleichung (14) folgt. Es muß betont werden, daß die Größe $\boldsymbol{\varepsilon} \cdot \boldsymbol{\delta}$ wie $\boldsymbol{\varepsilon}$ nicht von dem Ursprung der Reduktion abhängt, es folgt unmittelbar aus Gleichung (13), daß

$$\varepsilon' \cdot \delta' = \varepsilon \cdot \delta$$

ist.

Wir haben bewiesen, daß ein System von infinitesimalen Rotationen äquivalent einer einzelnen Schraubenverschiebung ist. Eine triviale Verallgemeinerung dieses Ergebnisses besagt, daß jedes System von infinitesimalen Verschiebungen äquivalent einer Schraubenverschiebung ist.

Beispiel 1. Suche eine Bedingung dafür, daß ein System von infinitesimalen Rotationen auf eine Rotation ohne Translation reduziert werden kann.

Wir betrachten ein System von infinitesimalen Rotationen, die durch die Vektoren ε_i dargestellt werden, $i = 1, 2, \ldots, n$, so daß

$$\varepsilon = \sum_{i=1}^{n} \varepsilon_i \neq 0$$

gilt.

Dann kann das System auf eine äquivalente Schraubenbewegung einer Rotation ε und einer Translation $p\varepsilon$ reduziert werden. Das System reduziert sich auf eine Rotation nur dann, wenn $p = 0$ ist, d. h.

$$\varepsilon \cdot \delta = 0.$$

Beispiel 2. Zeige, daß die Richtung der Schraubenbewegung, die einem System von infinitesimalen Rotationen äquivalent ist, die der POINSOTschen Zentralachse des Systems ist.

Aus Abb. 33 folgt, daß die Zentralachse durch den von Gleichung

$$\boldsymbol{r} = \frac{\varepsilon \times \delta}{\varepsilon^2}$$

definierten Punkt in Richtung des Vektors ε verläuft.

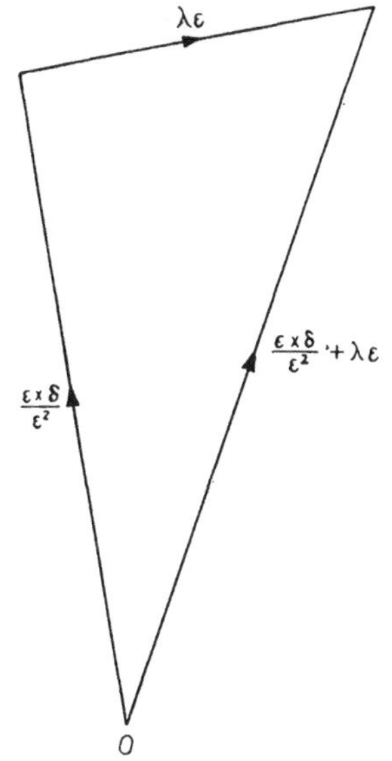

Abb. 33

6.4. Verdrehungen

Ein Problem, das mathematisch dem von 6.3. äquivalent ist, betrifft die Reduktion eines Systems von Kräften $\boldsymbol{F}_i$, $i = 1, 2, \ldots, n$, die an den Punkten P_i mit den Ortsvektoren $\boldsymbol{r}_i$, $i = 1, 2, \ldots, n$, angreifen, auf den Ursprung O. Solch ein Kraftsystem kann durch eine einzelne Kraft

$$\boldsymbol{F} = \sum_{i=1}^{n} \boldsymbol{F}_i, \tag{17}$$

die an O angreift, zusammen mit dem Drehmoment

$$\boldsymbol{G} = \sum_{i=1}^{n} \boldsymbol{r}_i \times \boldsymbol{F}_i \tag{18}$$

ersetzt werden.

Wenn $\boldsymbol{F} \neq 0$ ist, dann gibt es einen Punkt O', $\overrightarrow{OO'} = \boldsymbol{a}$, so daß in einer einleuchtenden Schreibweise

$$\boldsymbol{G}' = \sum_{i=1}^{n} (\boldsymbol{r}_i - \boldsymbol{a}) \times \boldsymbol{F}$$

$$= \boldsymbol{G} - \boldsymbol{a} \times \boldsymbol{F} \tag{19}$$

$$= p\boldsymbol{F}' = p\boldsymbol{F} \tag{20}$$

gilt, wobei p ein Skalar ist (vgl. Gleichung (13) und (14)). Der Punkt O' kann ein beliebiger Punkt der POINSOTschen Zentralachse für das System sein, die durch die Vektorgleichung

$$\boldsymbol{a} = \frac{\boldsymbol{F} \times \boldsymbol{G}}{F^2} + \lambda \boldsymbol{F} \tag{21}$$

definiert wird mit einem willkürlichen Skalar λ. Ein System von Kräften ist also äquivalent einer einzelnen Kraft $\boldsymbol{F}$, die entlang der POINSOTschen Zentralachse des Systems wirkt, zusammen mit einem Drehmoment $p\boldsymbol{F}$. Das äquivalente System wird als *Verdrehung* bezeichnet, und der Skalar

$$p = \frac{\boldsymbol{F} \cdot \boldsymbol{G}}{F^2} \tag{22}$$

wird *Höhe* der Verdrehung genannt. Die Größen $\boldsymbol{F}$ und $\boldsymbol{F}\boldsymbol{G}$ sind unabhängig von dem Ursprung der Reduktion.

Beispiel 3. Zwei Kräfte mit den Beträgen P und Q wirken entlang von Linien, deren gemeinsame Normale die Länge $2c$ hat und die gegeneinander einen Winkel 2θ bilden. Suche die Höhe der äquivalenten Verdrehung.

Wenn wir den Ursprung O als den Mittelpunkt der gemeinsamen Normale wählen, dann wirken die Kräfte $\boldsymbol{P}$ und $\boldsymbol{Q}$ an den Punkten $\pm c\boldsymbol{i}$: $\boldsymbol{P} \cdot \boldsymbol{i} = \boldsymbol{Q} \cdot \boldsymbol{i} = 0$.

Für eine Reduktion auf O sind die äquivalente Kraft bzw. das äquivalente Drehmoment

$$\boldsymbol{F} = \boldsymbol{P} + \boldsymbol{Q}$$

und

$$G = c\boldsymbol{i} \times (\boldsymbol{P} - \boldsymbol{Q}).$$

Die Höhe der äquivalenten Verdrehung ist

$$p = \frac{2c\boldsymbol{i} \cdot (\boldsymbol{P} \times \boldsymbol{Q})}{F^2},$$

wobei

$$F^2 = P^2 + Q^2 + 2PQ \cos 2\theta.$$

Da $\boldsymbol{i}$ sowohl zu $\boldsymbol{P}$ als auch zu $\boldsymbol{Q}$ senkrecht ist

$$\boldsymbol{P} \times \boldsymbol{Q} = \pm PQ \sin 2\theta \boldsymbol{i},$$

folgt

$$p = \frac{\pm 2PQ\, c \sin 2\theta}{P^2 + Q^2 + 2PQ \cos 2\theta}.$$

6.5. *Endliche Rotationen*

Wir wollen nun behandeln, wie man Vektoren zur Beschreibung endlicher Rotationen benutzen kann. Die Verschiebung $\overrightarrow{PP'}$ des Punktes P in den Punkt P' (Abb. 34) als ein Ergebnis einer endlichen Drehung um den Winkel θ im Rechtssinn um einen Vektor $\boldsymbol{n}$ durch den Punkt O kann durch den Vektor ω beschrieben werden, dabei gilt

$$\omega = 2 \tan \tfrac{1}{2}\theta\, \boldsymbol{n} \tag{23}$$

und

$$\overrightarrow{PP'} = \boldsymbol{r}' - \boldsymbol{r} = \omega \times \varrho \tag{24}$$

mit

$$2\varrho = \boldsymbol{r} + \boldsymbol{r}', \quad \overrightarrow{OP} = \boldsymbol{r}, \quad \overrightarrow{OP'} = \boldsymbol{r}'. \tag{25}$$

Wenn θ sehr klein ist, reduziert sich Gleichung (24) auf Gleichung (5), so daß erstere sicherlich eine Verallgemeinerung der letzteren ist. Die Richtigkeit der Behauptung (24) kann wie folgt bewiesen werden. Mit der in Abb. 34

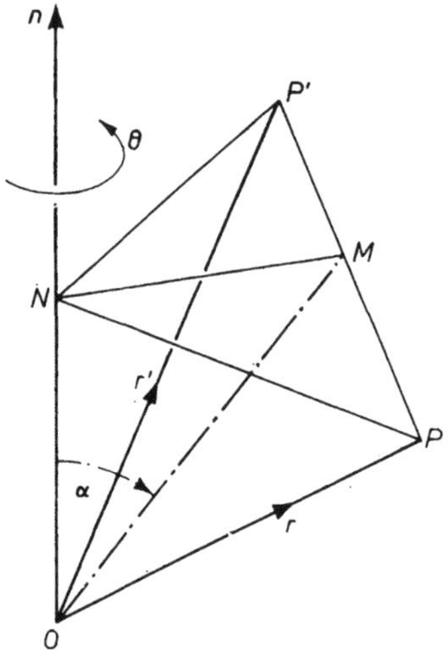

Abb. 34

angegebenen Bezeichnungsweise haben wir

$$\begin{aligned}|\boldsymbol{\omega} \times \boldsymbol{\varrho}| &= 2 \tan \tfrac{1}{2}\, \theta \cdot OM \sin \alpha \\ &= 2NM \tan \tfrac{1}{2}\, \theta \\ &= 2PM \\ &= PP', \end{aligned} \tag{26}$$

so daß $\boldsymbol{\omega} \times \boldsymbol{p}$ sicher den gleichen Betrag wie $\boldsymbol{r}' - \boldsymbol{r}$ hat. Da die Richtungen dieser beiden Vektoren offenbar zusammenfallen, ist (24) richtig.

Wir wollen annehmen, daß zwei endliche Drehungen um sich schneidende Achsen durch die Vektoren $\boldsymbol{\omega}_1$ und $\boldsymbol{\omega}_2$ dargestellt werden können. Die grundsätzlichen Fragen, die eine Antwort verlangen, sind: (1) Wirkt sich die Reihenfolge der Drehungen aus? (2) Welcher Vektor stellt die resultierende(n) Drehung(en) dar?

Wir nehmen an, daß die Drehungen in einer gegebenen Reihenfolge ausgeführt werden und daß $\boldsymbol{\omega}_1$ den Punkt P

nach P', ω_2 den Punkt P' nach P'' verschiebt. Wir wollen weiter annehmen, daß diese drei Punkte die Ortsvektoren $\boldsymbol{r}, \boldsymbol{r}'$ bzw. $\boldsymbol{r}''$ bezüglich des Schnittpunktes O der Rotationsachsen haben. Wir haben

$$2(\boldsymbol{r}' - \boldsymbol{r}) = \boldsymbol{\omega}_1 \times (\boldsymbol{r} + \boldsymbol{r}'), \tag{27}$$

$$2(\boldsymbol{r}'' - \boldsymbol{r}') = \boldsymbol{\omega}_2 \times (\boldsymbol{r}' + \boldsymbol{r}''), \tag{28}$$

daraus folgt unmittelbar

$$\boldsymbol{\omega}_1 \cdot \boldsymbol{r}' = \boldsymbol{\omega}_1 \cdot \boldsymbol{r}, \tag{29}$$

$$\boldsymbol{\omega}_2 \cdot \boldsymbol{r}'' = \boldsymbol{\omega}_2 \cdot \boldsymbol{r}'. \tag{30}$$

Wenn wir Gleichung (27) und (28) addieren, erhalten wir

$$\begin{aligned} 2(\boldsymbol{r}'' - \boldsymbol{r}) &= \boldsymbol{\omega}_1 \times (\boldsymbol{r} + \boldsymbol{r}') + \boldsymbol{\omega}_2 \times (\boldsymbol{r}' + \boldsymbol{r}'') \\ &= (\boldsymbol{\omega}_1 + \boldsymbol{\omega}_2) \times (\boldsymbol{r} + \boldsymbol{r}'') + \boldsymbol{\omega}_1 \times (\boldsymbol{r}' - \boldsymbol{r}'') \\ &\quad + \boldsymbol{\omega}_2 \times (\boldsymbol{r}' - \boldsymbol{r}). \end{aligned}$$

Das führt zu

$$\begin{aligned} 4(\boldsymbol{r}'' - \boldsymbol{r}) &= 2(\boldsymbol{\omega}_1 + \boldsymbol{\omega}_2) \times (\boldsymbol{r} + \boldsymbol{r}'') - \boldsymbol{\omega}_1 \\ &\quad \times \{\boldsymbol{\omega}_2 \times (\boldsymbol{r}' + \boldsymbol{r}'')\} + \boldsymbol{\omega}_2 \times \{\boldsymbol{\omega}_1 \times (\boldsymbol{r} + \boldsymbol{r}')\} \\ &= 2(\boldsymbol{\omega}_1 + \boldsymbol{\omega}_2 \times (\boldsymbol{r} + \boldsymbol{r}'') - \{\boldsymbol{\omega}_1 \cdot (\boldsymbol{r}' + \boldsymbol{r}'')\}\, \boldsymbol{\omega}_2 \\ &\quad + \{\boldsymbol{\omega}_2 \cdot (\boldsymbol{r} + \boldsymbol{r}')\}\, \boldsymbol{\omega}_1 + (\boldsymbol{\omega}_1 \cdot \boldsymbol{\omega}_2)\, (\boldsymbol{r}'' - \boldsymbol{r}), \end{aligned} \tag{31}$$

wobei die Formel für die Entwicklung des vektoriellen Dreifachproduktes benutzt wurde. Wenn wir Gleichung (31) umformen und die Ergebnisse (29) und (30) benutzen, erhalten wir

$$\begin{aligned} (4 - \boldsymbol{\omega}_1 \cdot \boldsymbol{\omega}_2)\, (\boldsymbol{r}'' - \boldsymbol{r}) &= \{2\boldsymbol{\omega}_1 + 2\boldsymbol{\omega}_2 - (\boldsymbol{\omega}_1 \times \boldsymbol{\omega}_2)\} \\ &\quad \times (\boldsymbol{r} + \boldsymbol{r}''), \end{aligned} \tag{32}$$

wobei das vektorielle Dreifachprodukt wieder nach der bekannten Formel entwickelt wurde, um den dritten Term auf der rechten Seite von Gleichung (32) zu bilden. Es ist also

$$\boldsymbol{r}'' - \boldsymbol{r} = \boldsymbol{\omega}_{12} \times \tfrac{1}{2} (\boldsymbol{r} + \boldsymbol{r}'') \tag{33}$$

mit

$$\boldsymbol{\omega}_{12} = \frac{\boldsymbol{\omega}_1 + \boldsymbol{\omega}_2 - \frac{1}{2} \boldsymbol{\omega}_1 \times \boldsymbol{\omega}_2}{1 - \frac{1}{4} \boldsymbol{\omega}_1 \cdot \boldsymbol{\omega}_2}. \tag{34}$$

Wenn also die Drehungen in der gegebenen Reihenfolge ausgeführt werden, ist der Vektor $\boldsymbol{\omega}$, der die resultierende Drehung beschreibt, gleich $\boldsymbol{\omega}_{12}$. Wenn die Rotationen in der umgekehrten Reihenfolge ausgeführt werden, ist der Vektor $\boldsymbol{\omega}$ gleich $\boldsymbol{\omega}_{21} \neq \boldsymbol{\omega}_{12}$, vorausgesetzt, daß

$$\boldsymbol{\omega}_1 \times \boldsymbol{\omega}_2 = 0 \tag{35}$$

gilt. Die Antworten auf unsere beiden Fragen sind: (1) Die Reihenfolge der Operationen wirkt sich in der Tat aus. (2) Es gibt zwei mögliche Vektoren $\boldsymbol{\omega}$ (in Abhängigkeit von der Reihenfolge der Operationen), und das Kombinationsgesetz ist nicht, wie in dem Fall der infinitesimalen Verschiebungen, das Dreiecksgesetz der Addition.

Beispiel 4. Ein Würfel wird so in den positiven Oktanten eines Koordinantensystems gesetzt, daß die drei Achsen parallel zu den drei unterschiedlichen Kanten sind und der Würfel vollständig in dem Oktanten liegt. Drei Rotationen von 90° werden im positiven Sinn um die Achsen OX, OY, OZ in dieser Reihenfolge ausgeführt. Zeige, daß die Wirkung der drei Rotationen äquivalent einer einzigen Rotation um 90° um die Achse OY ist.

Wir haben in einer übersichtlichen Bezeichnungsweise

$$\boldsymbol{\omega}_1 = 2\boldsymbol{i}, \quad \boldsymbol{\omega}_2 = 2\boldsymbol{j}, \quad \boldsymbol{\omega}_3 = 2\boldsymbol{k}$$

und

$$\boldsymbol{\omega}_{123} = \frac{\boldsymbol{\omega}_{12} + \boldsymbol{\omega}_3 - \frac{1}{2} \boldsymbol{\omega}_{12} \times \boldsymbol{\omega}_3}{1 - \frac{1}{4} \boldsymbol{\omega}_{12} \cdot \boldsymbol{\omega}_3}$$

mit

$$\boldsymbol{\omega}_{12} = \frac{\boldsymbol{\omega}_1 + \boldsymbol{\omega}_2 - \frac{1}{2} \boldsymbol{\omega}_1 \times \boldsymbol{\omega}_2}{1 - \frac{1}{4} \boldsymbol{\omega}_1 \cdot \boldsymbol{\omega}_2}.$$

Es gilt also

$$\omega_{12} = 2(\boldsymbol{i} + \boldsymbol{j} - \boldsymbol{k})$$

und

$$\begin{aligned} \omega_{123} &= 2\boldsymbol{i} \\ &= \omega_2 . \end{aligned}$$

6.6. Quaternionen

Das Quaternionensystem von HAMILTON enthält in sich die Algebra der Vektoren, wie sie in diesem Buch beschrieben ist, und aus diesem Grund kann man das System in die Reihe der Theorien einreihen, aus denen sich die moderne Vektoralgebra entwickelt hat. Das System von HAMILTON wurde von TAIT, einem Physikprofessor aus Edinburgh, sehr verteidigt, der zeigte, daß es die Physiker mit einem idealen Werkzeug zur Beschreibung dreidimensionaler Probleme ausstattet. Er hatte aber einen starken Widersacher in HEAVISIDE, der behauptete, daß der Vektor nicht als ein Spezialfall der abstrakten Quaternione behandelt werden sollte, sondern als eine Art mathematischer Kurzschrift für Zahlentripel. GIBBS, der dafür bekannt ist die Algebren von GRASSMANN (der ein großes Anrecht hat, als Vater der Vektoralgebra zu gelten) und von HAMILTON studierte, stimmte in mathematischer Hinsicht mit HEAVISIDE überein, und die Geschichte zeigt, daß die Quaternionisten die Schlacht verloren und die Vektormethoden heute als selbständige Disziplin untersucht werden.

Der Leser könnte nun annehmen, daß ein Studium der Quaternionen nur von historischem Interesse ist und daß sie als ein Werkzeug für praktische Wissenschaftler sehr geringen Wert haben. Der Leser würde sich aber täuschen.

Die Vektorformulierung der Theorie der endlichen Drehungen ist sicher plump. Gleichung (24) ist schwierig zu handhaben, weil sie die uns interessierende Größe $\boldsymbol{r}'$ nur implizit anstatt explizit enthält, und die grundlegende

Gleichung (34) ist sehr kompliziert. Das Quaternionensystem ist sehr gut für die Beschreibung endlicher Drehungen geeignet, und aus diesem Grund schlägt der Autor vor, etwas Platz für einen elementaren Abriß der Quaternionentheorie einzuräumen.

Die *Quaternion* q wird definiert durch die Beziehung

$$q = a + bi + cj + dk, \tag{36}$$

dabei sind a, b, c, d Skalare, i, j, k sind aber außergewöhnliche Größen, die wir behandeln, als ob sie gewöhnliche Skalare wären außer der Tatsache, daß sie den folgenden Multiplikationsregeln genügen:

$$i^2 = j^2 = k^2 = -1, \tag{37}$$

$$\begin{aligned} ij &= -ji = k, \\ jk &= -kj = i, \\ ki &= -ik = j. \end{aligned} \tag{38}$$

Die *konjugierte Quaternion* $\bar{q}$ wird definiert als

$$\bar{q} = a - bi - cj - dk. \tag{39}$$

Die Größe $\bar{q}q = q\bar{q}$ ist ein nicht negativer Skalar, und wir bezeichnen ihre positive Quadratwurzel als *Norm* von q und schreiben

$$|q| = \sqrt{(\bar{q}q)} = \sqrt{(q\bar{q})} = \sqrt{(a^2 + b^2 + c^2 + d^2)}. \tag{40}$$

Die *inverse* oder *reziproke Quaternion* q^{-1} wird für jede Quaternion q, die eine nichtschwindende Norm hat, durch die Beziehung

$$q^{-1} = \bar{q}/|q| \tag{41}$$

definiert. Damit ergibt sich

$$qq^{-1} = q^{-1}q = 1. \tag{42}$$

Der Leser sollte beachten, daß die Norm von q dann und nur dann Null ist, wenn $a = b = c = d = 0$ ist, in diesem Falle schreiben wir $q = 0$ und sprechen von der *Nullquaternion*. Definition (41) setzt uns in die Lage, ohne weiteres von dem Begriff der Quaterniondivision zu sprechen, vorausgesetzt natürlich, daß der Divisor nicht Null ist. Wir wollen als Beispiel annehmen, daß die Quaternion q das Produkt von zwei nichtverschwindenden Quaternionen q_1 und q_2 ist, d. h.

$$q = q_1 q_2, \tag{43}$$

wenn wir dann Gleichung (43) von links mit q_1^{-1} multiplizieren, erhalten wir

$$q_2 = q_1^{-1} q \tag{44}$$

oder, wenn wir Gleichung (43) von rechts mit q_2^{-1} multiplizieren, erhalten wir

$$q_1 = q q_2^{-1}. \tag{45}$$

Wir werden nun mit der durch Gleichung (36) gegebenen Quaternion q einen Skalar $s(q)$ so verknüpfen, daß

$$s(q) = a \tag{46}$$

ist. Ebenso verknüpfen wir mit q einen Vektor $\boldsymbol{v}(q)$

$$\boldsymbol{v}(q) = b\boldsymbol{i} + c\boldsymbol{j} + d\boldsymbol{k}. \tag{47}$$

Wenn $s(q) = 0$ ist, wird q als *Vektorquaternion* bezeichnet. Wir wollen nun zwei Vektorquaternionen q_1 und q_2 miteinander multiplizieren. In einer einleuchtenden Schreibweise haben wir

$$\begin{aligned} q_1 q_2 = &-(b_1 b_2 + c_1 c_2 + d_1 d_2) + (c_2 d_3 - d_3 c_2) i \\ &+ (d_3 c_1 - d_1 c_3) j + (b_1 c_2 - b_2 c_1) k, \end{aligned} \tag{48}$$

und es ist klar, daß

$$s(q_1 q_2) = -\boldsymbol{v}(q_1) \cdot \boldsymbol{v}(q_2), \tag{49}$$

während

$$\boldsymbol{v}(q_1 q_2) = \boldsymbol{v}(q_1) \times \boldsymbol{v}(q_2) \tag{50}$$

ist. In der Weise, die durch Gleichung (49) und (50) präzisiert wird, wird bei der Multiplikation zweier Vektorquaternionen gleichzeitig das Skalar- und das Vektorprodukt der entsprechenden Vektoren gebildet.

Unsere bisherige Analyse reicht für unsere Absicht aus, die Art und Weise zu beschreiben, in der die Quaternionentheorie die in diesem Buch beschriebene Vektoralgebra enthält. Wir haben inzwischen auch genügend Kenntnisse aus der Quaternionentheorie, um einen kurzen Abriß über ihre Anwendung zur Beschreibung endlicher Drehungen zu geben.

Die nichtverschwindende Quaternion q kann wie folgt geschrieben werden:

$$q = |q| \left[\frac{a}{\sqrt{\{a^2 + (b^2 + c^2 + d^2)\}}} + \frac{\sqrt{(b^2 + c^2 + d^2)}}{\sqrt{\{a^2 + (b^2 + c^2 + d^2)\}}} \right.$$
$$\left. \times \frac{bi + cj + dk}{\sqrt{(b^2 + c^2 + d^2)}} \right] \tag{51}$$
$$= |q| \left(\cos \tfrac{1}{2}\theta + n \sin \tfrac{1}{2}\theta\right), \tag{52}$$

dabei ist n eine Vektorquaternion derart, daß

$$\boldsymbol{v}(n) = \frac{b\boldsymbol{i} + c\boldsymbol{j} + d\boldsymbol{k}}{\sqrt{(b^2 + c^2 + d^2)}} = \boldsymbol{n} \tag{53}$$

ein Einheitsvektor ist und daß

$$\cos \tfrac{1}{2}\theta = \frac{a}{|q|}, \quad \sin \tfrac{1}{2}\theta = \frac{\sqrt{(b^2 + c^2 + d^2)}}{|q|} \tag{54}$$

gilt. Wir bezeichnen mit $\hat{q}$ eine Quaternion vom Betrag Eins, d. h.

$$q = |q|\, \hat{q}\,. \tag{55}$$

Wir stellen uns vor, daß wir eine Vektorquaternion r haben, für die

$$\boldsymbol{v}(r) = \boldsymbol{r}, \quad \boldsymbol{r} = x\boldsymbol{i} + y\boldsymbol{j} + z\boldsymbol{k} \tag{56}$$

gilt, und daß die Quaternion $\boldsymbol{r}'$ aus r durch die Transformation

$$r' = \hat{q} r \hat{q}^{-1} \tag{57}$$

gewonnen werden kann. Dann ist r' auch eine Vektorquaternion, und für den Vektor

$$\boldsymbol{v}(r') = \boldsymbol{r}', \quad \boldsymbol{r}' = x'\boldsymbol{i} + y'\boldsymbol{j} + z'\boldsymbol{k} \tag{58}$$

gilt, daß der Punkt, dessen Ortsvektor $\boldsymbol{r}$ ist, durch eine Rotation um den Winkel θ (Gleichung (54)) im Rechtssinn um die Richtung eines Einheitsvektors $\boldsymbol{n}$ mit

$$\boldsymbol{v}(\hat{q}) = \boldsymbol{n} \tag{59}$$

in den Punkt verschoben wird, dessen Ortsvektor $\boldsymbol{r}'$ ist. Ohne Einschränkung der Allgemeinheit können wir für $\boldsymbol{n}$ den Einheitsvektor $\boldsymbol{i}$ wählen, der der Vektorquaternion i entspricht. Wir haben also

$$\hat{q} = \cos \tfrac{1}{2}\theta + i \sin \tfrac{1}{2}\theta \tag{60}$$

und

$$\begin{aligned} r' &= (\cos \tfrac{1}{2}\theta + i \sin \tfrac{1}{2}\theta)(xi + yj + zk)(\cos \tfrac{1}{2}\theta - i \sin \tfrac{1}{2}\theta) \\ &= xi + (y \cos\theta - z \sin\theta)\, j + (y \sin\theta + z \cos\theta)\, k. \end{aligned} \tag{61}$$

Damit ist die Behauptung bewiesen.

Wenn wir nun viele Drehungen haben, die durch die Quaternionen $q_1, q_2, \ldots, q_n$ in dieser Reihenfolge dargestellt werden, dann wird die einzelne äquivalente Drehung durch die Quaternion $q_n \ldots q_2 q_1$ dargestellt.

Beispiel 5. Wiederhole das Beispiel 4.

Die aufeinanderfolgenden Rotationen können durch die Quaternionen

$$\hat{q}_1 = \frac{1}{\sqrt{2}}(1 + i),$$

$$\hat{q}_2 = \frac{1}{\sqrt{2}}(1 + j),$$

$$\hat{q}_3 = \frac{1}{\sqrt{2}}(1 + k)$$

und die resultierende Drehung durch

$$\begin{aligned}\hat{q}_3\hat{q}_2\hat{q}_1 &= \frac{1}{2\sqrt{2}}(1 + i + j + k + kj + ki + ji + kji)\\ &= \frac{1}{2\sqrt{2}}(1 + i + j + k - i + j - k + 1)\\ &= \frac{1}{\sqrt{2}}(1 + j)\\ &= \hat{q}_2\end{aligned}$$

dargestellt werden.

Beispiel 6. Leite Gleichung (34) ab.

Die zwei Rotationen mögen durch die Quaternionen

$$q_1 = \cos\tfrac{1}{2}\,\theta_1 + n_1 \sin\tfrac{1}{2}\,\theta_1,$$

$$q_2 = \cos\tfrac{1}{2}\,\theta_2 + n_2 \sin\tfrac{1}{2}\,\theta_2$$

oder durch die Vektoren

$$\omega_1 = 2\tan\tfrac{1}{2}\,\theta_1 \boldsymbol{n}_1,$$

$$\omega_2 = 2\tan\tfrac{1}{2}\,\theta_2 \boldsymbol{n}_2$$

wie in 6.5. dargestellt werden. Dann gilt

$$2\boldsymbol{v}(q_1) = s(q_1)\boldsymbol{\omega}_1,$$
$$2\boldsymbol{v}(q_2) = s(q_2)\boldsymbol{\omega}_2.$$

Die Quaternion, die die in der gegebenen Reihenfolge durchgeführten Rotationen darstellt, lautet

$$q = \cos\tfrac{1}{2}\theta_1 \cos\tfrac{1}{2}\theta_2 + n_1 \sin\tfrac{1}{2}\theta_1 \cos\tfrac{1}{2}\theta_2 + n_2 \cos\tfrac{1}{2}\theta_1 \sin\tfrac{1}{2}\theta_2 + n_2 n_1 \sin\tfrac{1}{2}\theta_1 \sin\tfrac{1}{2}\theta_2,$$

folglich gilt

$$\begin{aligned} s(q) &= \cos\tfrac{1}{2}\theta_1 \cos\tfrac{1}{2}\theta_2 - \boldsymbol{n}_1 \cdot \boldsymbol{n}_2 \sin\tfrac{1}{2}\theta_1 \sin\tfrac{1}{2}\theta_2,\\ \boldsymbol{v}(q) &= \sin\tfrac{1}{2}\theta_1 \cos\tfrac{1}{2}\theta_2 \boldsymbol{n}_1 + \cos\tfrac{1}{2}\theta_2 \sin\tfrac{1}{2}\theta_2 \boldsymbol{n}_2\\ &\quad - \sin\tfrac{1}{2}\theta_1 \sin\tfrac{1}{2}\theta_2 \boldsymbol{n}_1 \times \boldsymbol{n}_2\\ &= \cos\tfrac{1}{2}\theta_1 \cos\tfrac{1}{2}\theta_2 \{\tfrac{1}{2}\boldsymbol{\omega}_1 + \tfrac{1}{2}\boldsymbol{\omega}_2 - \tfrac{1}{4}\boldsymbol{\omega}_1 \times \boldsymbol{\omega}_2\}. \end{aligned}$$

Wenn also

$$2\boldsymbol{v}(q) = s(q)\boldsymbol{\omega}$$

ist, dann erhalten wir die gesuchte Formel, nämlich

$$\boldsymbol{\omega} = \frac{\boldsymbol{\omega}_1 + \boldsymbol{\omega}_2 - \tfrac{1}{2}\boldsymbol{\omega}_1 \times \boldsymbol{\omega}_2}{1 - \tfrac{1}{4}\boldsymbol{\omega}_1 \cdot \boldsymbol{\omega}_2}.$$

Übungen 6

1. Zeige, daß bei einer Reduktion eines Systems von infinitesimalen Drehungen auf eine einzelne Rotation $\boldsymbol{\varepsilon}$ an einem Ursprung O zusammen mit einer Translation $\boldsymbol{\delta}$ der Betrag von $\boldsymbol{\delta}$ ein Minimum annimmt, wenn O auf der POINSOTschen Zentralachse liegt.

Leite dieses Ergebnis erneut für ein System von Kräften ab.

2. Kräfte, die durch die Vektoren

$$\boldsymbol{F}_1 = F_1 \boldsymbol{i}, \quad \boldsymbol{F}_2 = F_2 \boldsymbol{j}, \quad \boldsymbol{F}_3 = F_3 \boldsymbol{k}$$

dargestellt werden, wirken an den Punkten, deren Ortsvektoren bezüglich des Koordinatenursprungs gleich

$$\boldsymbol{r}_1 = c\boldsymbol{k}, \quad \boldsymbol{r}_2 = a\boldsymbol{i}, \quad \boldsymbol{r}_3 = b\boldsymbol{j}$$

sind.

Zeige, daß die Höhe der äquivalenten Verdrehung

$$\frac{aF_2F_3 + bF_3F_1 + cF_1F_2}{F_1^2 + F_2^2 + F_3^2}$$

ist.

Wenn sich das System auf eine einzelne Kraft reduziert, zeige, daß ihre Achse in der Fläche

$$(x - a)(y - b)(z - c) = xyz$$

liegt.

3. Zwei Schraubenverschiebungen haben die Höhen p_1 und p_2, und ihre Achsen schneiden sich unter einem rechten Winkel. Die einzelne äquivalente Schraubenverschiebung hat die Höhe p, ihre Achse bildet mit der der ersten Verschiebung einen Winkel θ und hat einen Abstand h von ihr. Zeige, daß

$$(1) \qquad 2h = |p_1 - p_2| \sin^2\theta,$$

$$(2) \qquad p = p_1 \cos^2\theta + p_2 \sin^2\theta$$

gilt.

4. Zwei Kräfte, die durch die Vektoren

$$\boldsymbol{F}_1 = F_1 \boldsymbol{i}, \quad \boldsymbol{F}_2 = F_2 \boldsymbol{j}$$

dargestellt werden, wirken an den Punkten, deren Ortsvektoren bezüglich eines gegebenen Ursprungs

$$\boldsymbol{r}_1 = -a\boldsymbol{k}, \quad \boldsymbol{r}_2 = a\boldsymbol{k}$$

sind.

Zeige, daß die Höhe der äquivalenten Verdrehung

$$-2aF_1F_2/(F_1^2 + F_2^2)$$

und die Gleichung der Zentralachse

$$\boldsymbol{r} = \{a(F_2^2 - F_1^2)/(F_1^2 + F_2^2]\}\,\boldsymbol{k} + \lambda(F_1\boldsymbol{i} + F_2\boldsymbol{i}).$$

ist.

Beweise, daß die POINSOTsche Zentralachse in der Fläche

$$z(x^2 + y^2) + a(x^2 - y^2) = 0$$

liegt, unabhängig von den Beträgen F_1 und F_2 der Kräfte.

5. Ein starrer Körper wird zwei Drehungen von 90° im Rechtssinn um Achsen durch den Ursprung in Richtung der Vektoren

$$\boldsymbol{i} \quad \text{und} \quad 3\boldsymbol{j} + 4\boldsymbol{k}$$

unterworfen. Vorausgesetzt, daß die Rotationen in der gegebenen Reihenfolge ausgeführt werden, benutze die Methode von 6.5., um eine einzelne äquivalente Rotation zu finden.

(*Antwort*: Im Rechtssinn um 120° um eine Achse durch den Ursprung in Richtung des Vektors $5\boldsymbol{i} + 7\boldsymbol{j} + \boldsymbol{k}$).

6. Benutze die Methode von 6.6., um die Aufgabe von Übung 5 zu lösen.

7. Der Punkt, dessen Ortsvektor $\boldsymbol{r}$ ist, wird durch eine Rotation um den Winkel θ im Rechtssinn um eine Achse durch den Ursprung in Richtung des Einheitsvektors $\boldsymbol{n}$ in einen Punkt verschoben, dessen Ortsvektor $\boldsymbol{r}'$ ist. Zeige, daß

$$\boldsymbol{r}' = \cos\theta\,\boldsymbol{r} + (1 - \cos\theta)\,(\boldsymbol{n}\cdot\boldsymbol{r})\,\boldsymbol{n} + \sin\theta\,\boldsymbol{n}\times\boldsymbol{r}$$

gilt.

8. Schreibe das Ergebnis von Übung 7 in Tensorschreibweise.

(*Antwort*: $r_i' = R_{ij} r_j$ mit

$$R_{ij} = \cos\theta\,\delta_{ij} + (1 - \cos\theta)\,n_i n_j + \sin\theta\;\varepsilon_{ikl} n_k \delta_{lj})$$

Bemerkung: Die Formel von Übung 7 wird *Formel von* Rodrigues genannt.

9. Benutze die Formel von Rodrigues, um das Problem von Beispiel 4 zu lösen.

10. Benutze die Formel von Rodrigues, um Übung 5 zu wiederholen.

7. Deformationen[1]

7.1. Verschiebungen eines deformierbaren Körpers

In Kapitel 6 diskutierten wir die Verschiebungen eines starren Körpers, und nun wenden wir unsere Aufmerksamkeit auf ein kurzes Studium der Verschiebungen eines deformierbaren Objektes. Von einem Körper wird gesagt, daß er *deformierbar* anstatt starr ist, wenn seine Teilchen fähig sind, sich relativ zueinander zu bewegen. Wenn ein Körper deformiert wird, so sagt man, daß er in einem Zustand der *Verzerrung* ist. In diesem Buch werden wir uns nur mit infinitesimalen Verzerrungen beschäftigen; in der Physik gibt es natürlich auch Probleme, die man nur durch Diskussion endlicher Verzerrungen in geeigneter Weise diskutieren kann, solche Probleme erfordern aber eine hochentwickelte mathematische Technik (weil die grundlegenden Gleichungen meist nichtlinear sind), die außerhalb des Gesichtskreises des vorliegenden Buches liegt.

[1]) Dieses Kapitel kann beim ersten Lesen übersprungen werden.

Wir wollen die allgemeine lineare Transformation des Punktes betrachten, dessen Ortsvektor bezüglich eines gewissen Ursprungs $\boldsymbol{r}$ ist; durch die Transformation soll der Punkt in einen anderen verschoben werden, dessen Ortsvektor $\boldsymbol{r}'$ ist. Mit Hilfe eines Rechtssystems $\boldsymbol{u}_i$ ($i = 1, 2, 3$) von gegenseitig orthogonalen Einheitsvektoren können die Vektoren $\boldsymbol{r}$ und $\boldsymbol{r}'$ in der Form

$$\boldsymbol{r} = r_i \boldsymbol{u}_i, \quad \boldsymbol{r}' = r_i' \boldsymbol{u}_i \tag{1}$$

geschrieben werden, und die allgemeinste lineare Transformation kann durch eine Gleichung der Form

$$r_i' = a_i + a_{ij} r_j \tag{2}$$

dargestellt werden, wobei beide Indizes i und j die Werte 1, 2, 3 annehmen und über doppelt auftretende Indizes zu summieren ist; die Koeffizienten a_i, a_{ij} ($i, j = 1, 2, 3$) sind Konstanten. In physikalischen Situationen gibt es notwendigerweise eine inverse Transformation der Form

$$r_i = b_i + b_{ij} r_j', \tag{3}$$

und die Koeffizienten b_i, b_{ij} ($i, j = 1, 2, 3$) hängen genau definiert mit den in Gleichung (2) auftretenden Koeffizienten zusammen.

Beispiel 1. Zeige, daß die Transformation (2) Ebenen in Ebenen überführt.

Eine Ebene ist dadurch charakterisiert, daß jeder Vektor in der Ebene senkrecht zu einer gegebenen Richtung (sagen wir, zu der des Einheitsvektors $\boldsymbol{n}$, Abb. 35) liegt. Wenn also $\boldsymbol{r}'$ der Ortsvektor bezüglich eines Ursprungs O irgendeines Punktes der Ebene ist, dann gilt

$$\boldsymbol{r}' \cdot \boldsymbol{n} = p \quad \text{oder} \quad r_i' n_i = p, \tag{4}$$

wobei p ein konstanter Skalar, die Länge der Senkrechten von O auf die Ebene, ist.

Unter der Einwirkung der Transformation (2) wird Gleichung (4) zu

$$(a_i + a_{ij} r_j) n_i = p,$$

die in der Form

$$A_j r_j = P \tag{5}$$

mit

$$A_j = a_{ij} n_i$$

und

$$P = p - a_i n_i$$

abgekürzt werden kann. Es ist klar, daß (5) auch die Gleichung einer Ebene ist.

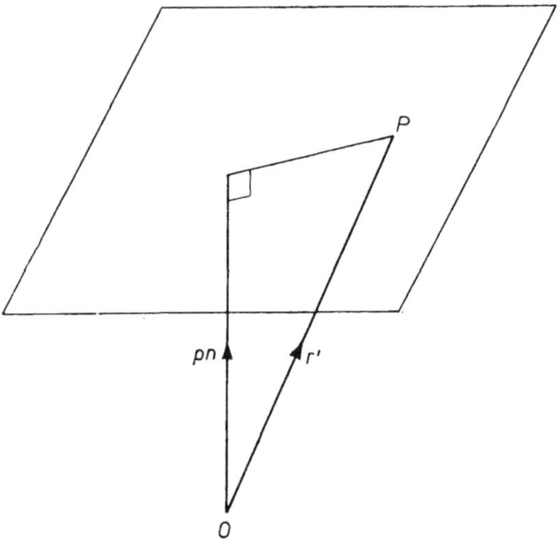

Abb. 35

Beispiel 2. Zeige, daß die Transformation (2) Geraden in Geraden überführt.

Wir wollen eine Gerade λ als die Menge von Punkten betrachten, die einem Paar von Ebenen π_1 und π_2 gemeinsam sind. Durch die Transformation (2) werden die Punkte von π_1 und π_2 in die Punkte der Ebenen π_1' und π_2' transformiert (das folgt aus Beispiel 1.), so daß λ in den geometrischen Ort λ' der Punkte transformiert wird, die sowohl zu π_1' als auch zu π_2' gehören. Es ist klar, daß λ' eine Gerade ist.

Wir wollen uns mit der Diskussion von infinitesimalen Verschiebungen befassen, so daß die Differenz $\boldsymbol{r} - \boldsymbol{r}'$ als klein angenommen werden darf. So müssen die Größen a_{ii} $(i = 1, 2, 3)$ in Gleichung (2) in der Nähe von Eins liegen, während die Größen a_i, a_{ij} $(i, j = 1, 2, 3;\ i = j)$ in der Nähe von Null liegen. Es ist üblich, (2) deshalb in der Form

$$r_i' = \alpha_i + (\delta_{ij} + \alpha_{ij}) r_j \tag{6}$$

zu schreiben, wobei die Koeffizienten α_i, α_{ij} $(i, j = 1, 2, 3)$ infinitesimale Konstanten sind. In ähnlicher Weise kann die Gleichung (3) in die Form

$$r_i = \beta_i + (\delta_{ij} + \beta_{ij})\, r_j' \tag{7}$$

gebracht werden.

Wir zeigen, daß die Transformation (6) (oder äquivalent dazu (7)) in zwei Teile aufgespalten werden kann; davon stellt ein Teil die Verschiebung eines starren Körpers und der andere eine Deformation dar. Wir beantworten zwei Fragen: (1) Welchen Bedingungen müssen die infinitesimalen Konstanten α_i, α_{ij} unterworfen werden, damit die Transformation (6) eine Verschiebung eines starren Körpers darstellt? (2) Welche Deformationen können durch Transformationen der Form (6) dargestellt werden?

Wir wollen zwei Teilchen des Körpers an den Punkten betrachten, die die Ortsvektoren $\boldsymbol{r}$ und $\boldsymbol{R}$ bezüglich eines festen Ursprungs haben, und diese Punkte sollen durch (6) in Punkte mit den Ortsvektoren $\boldsymbol{r}'$ bzw. $\boldsymbol{R}'$ transformiert werden. Aus Beispiel 2 folgt, daß der Vektor $\boldsymbol{d} = \boldsymbol{R} - \boldsymbol{r}$ in den Vektor $\boldsymbol{d}' = \boldsymbol{R}' - \boldsymbol{r}'$ transformiert wird (Abb. 36). Die Komponenten des Vektors $\boldsymbol{d}'$ hängen mit denen von $\boldsymbol{d}$ wie folgt zusammen

$$\begin{aligned} d_i' &= \{\alpha_i + (\delta_{ij} + \alpha_{ij})\, R_j\} - \{\alpha_i + (\delta_{ij} + \alpha_{ij}) r_j\} \\ &= d_i + \alpha_{ij} d_j \quad (i = 1, 2, 3) \end{aligned} \tag{8}$$

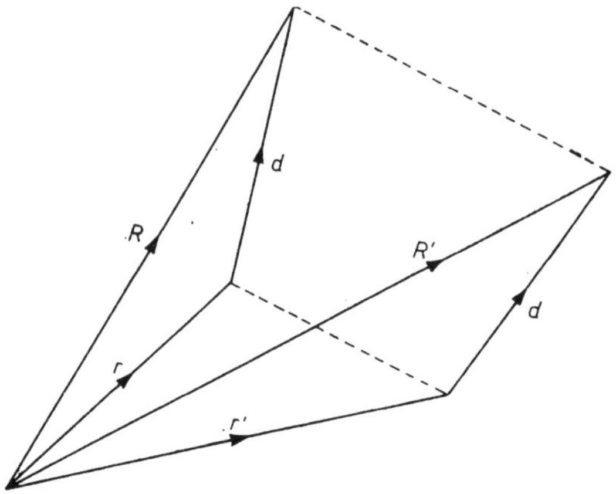

Abb. 36

oder

$$d_i' - d_i = \alpha_{ij} d_j \quad (i = 1, 2, 3). \tag{9}$$

Wenn nun die Verschiebung wie die eines starren Körpers ist, müssen die Längen der Vektoren $\boldsymbol{d}$ und $\boldsymbol{d}'$ gleich sein, d. h., der räumliche Abstand von zwei beliebigen Punkten des Körpers ist konstant. Wir können also schreiben

$$d_i d_i = d_i' d_i',$$

d. h.

$$d_i d_i = (d_i + \alpha_{ij} d_j)(d_i + \alpha_{ik} d_k)$$
$$= d_i d_i + \alpha_{ij} d_i d_j + \alpha_{ik} d_i d_k,$$

wobei das Produkt

$$\alpha_{ij} \alpha_{ik} d_j d_k$$

vernachlässigt wurde, weil die Transformation infinitesimal ist. Wir erhalten deshalb die Gleichung

$$\alpha_{ij} d_i d_j = 0. \tag{10}$$

Dabei haben wir ausgenutzt, daß

$$\alpha_{ij} d_i d_j = \alpha_{ik} d_i d_k$$

gilt. Wenn wir Gleichung (10) vollständig ausschreiben, haben wir

$$a_{11} d_1^2 + \alpha_{22} d_2^2 + \alpha_{33} d_3^2 + (\alpha_{12} + \alpha_{21}) d_1 d_2 \\ + (\alpha_{23} + \alpha_{32}) d_2 d_3 + (\alpha_{31} + \alpha_{13}) d_1 d_3 = 0. \qquad (11)$$

Da der Vektor $\boldsymbol{d}$ als beliebig im Körper angenommen wurde, liefert Gleichung (11)

$$\alpha_{11} = \alpha_{22} = \alpha_{33} = (\alpha_{12} + \alpha_{21}) = (\alpha_{23} + \alpha_{32}) \\ = (\alpha_{31} + \alpha_{13}) = 0.$$

Eine notwendige und hinreichende Bedingung dafür, daß die Transformation (6) die Verschiebung eines starren Körpers darstellt, ist also

$$\alpha_{ij} = -\alpha_{ji} \; (i, j = 1, 2, 3), \qquad (12)$$

d. h., der Tensor muß antisymmetrisch gegenüber einer Vertauschung der Indizes sein.

Aus dem Problem 15, Übungen 4, folgt: Wenn die Transformation (6) die Verschiebung eines starren Körpers darstellt, dann können die Relationen (9) zwischen den Komponenten der Vektoren $\boldsymbol{d}'$ und $\boldsymbol{d}$ in der Form

$$\boldsymbol{d}' - \boldsymbol{d} = \boldsymbol{\omega} \times \boldsymbol{d} \qquad (13)$$

geschrieben werden, wobei

$$\begin{aligned} \boldsymbol{\omega} &= \alpha_{32} \boldsymbol{u}_1 + \alpha_{13} \boldsymbol{u}_2 + \alpha_{21} \boldsymbol{u}_3 \\ &= -\alpha_{23} \boldsymbol{u}_1 - \alpha_{31} \boldsymbol{u}_2 - \alpha_{12} \boldsymbol{u}_3 \\ &= \tfrac{1}{2} (\alpha_{32} - \alpha_{23}) \boldsymbol{u}_1 + \tfrac{1}{2} (\alpha_{13} - \alpha_{31}) \boldsymbol{u}_2 \\ &\quad + \tfrac{1}{2} (\alpha_{21} - \alpha_{12}) \boldsymbol{u}_3 \end{aligned} \qquad (14)$$

gilt.

Es ist nun klar (6.2., Gleichung (5)), daß der Vektor $\boldsymbol{d}'$ aus dem Vektor $\boldsymbol{d}$ durch eine infinitesimale Drehung um den Winkel $|\boldsymbol{\omega}|$ um die Richtung des Einheitsvektors $\hat{\boldsymbol{\omega}} = \boldsymbol{\omega}/|\boldsymbol{\omega}|$ hervorging.

Beispiel 3. Zeige, daß jeder Tensor zweiter Stufe eindeutig in zwei Teile aufgespalten werden kann, wobei der eine symmetrisch und der andere antisymmetrisch bezüglich einer Vertauschung der Indizes ist.

Dieses Ergebnis folgt trivialerweise aus der Identität

$$a_{ij} = \tfrac{1}{2}(\alpha_{ij} + \alpha_{ij}) + \tfrac{1}{2}(\alpha_{ij} - \alpha_{ji}).$$

Wir können schreiben

$$\alpha_{ij} = \varepsilon_{ij} + \omega_{ij},$$

wobei

$$\varepsilon_{ij} = \varepsilon_{ji} = \tfrac{1}{2}(\alpha_{ij} + \alpha_{ji})$$

und

$$\omega_{ij} = -\omega_{ji} = \tfrac{1}{2}(\alpha_{ij} - \alpha_{ji})$$

der symmetrische bzw. antisymmetrische Teil von α_{ij} sind.

Das Ergebnis von Beispiel 3 versetzt uns in die Lage, Gleichung (9) in der Form

$$d_i' - d_i = (\varepsilon_{ij} + \omega_{ij})\, d_j \quad (i = 1, 2, 3) \qquad (15)$$

zu schreiben, wobei die Größen $\varepsilon_{ij} = \varepsilon_{ji}$ (oft als *Komponenten des Verzerrungstensors* bezeichnet) eine *reine Deformation* und die Größen $\omega_{ij} = -\omega_{ji}$ eine *reine Rotation* darstellen.

Es ist klar (unabhängig davon, ob die Größen α_{ij} infinitesimal sind oder nicht), daß gleiche und parallele Liniensegmente in verschiedenen Teilen des Körpers in gleiche und parallele Liniensegmente transformiert werden (Gleichung (15)). Die reinen infinitesimalen Verschiebungen, die durch die Tensorkomponenten ε_{ij} beschrieben werden. werden deshalb *homogene Deformationen* genannt.

7.2. Die Hauptdehnungen

In diesem Abschnitt werden wir Gleichungen (15) mit $(i, j = 1, 2, 3)$, d. h.

$$d_i' - d_i = \varepsilon_{ij} d_j \quad (i = 1, 2, 3) \tag{16}$$

untersuchen mit

$$\varepsilon_{ij} = \varepsilon_{ji}.$$

Wir lenken deshalb unsere Aufmerksamkeit auf die reinen homogenen infinitesimalen Verzerrungen und fragen, ob es Richtungen in dem Körper gibt, die durch die Deformation unverändert bleiben oder nicht. In solch einem Fall ist der Vektor $\boldsymbol{d}' - \boldsymbol{d}$ parallel zu $\boldsymbol{d}$, d. h.

$$\boldsymbol{d}' - \boldsymbol{d} = \lambda \boldsymbol{d}, \tag{17}$$

dabei ist λ ein Skalar. Um (17) zu erfüllen, ist notwendig, daß

$$\varepsilon_{ij} d_j = \lambda d_i \quad (i = 1, 2, 3) \tag{18}$$

oder

$$\varepsilon_{ij} d_j = \lambda \delta_{ij} d_j \quad (i = 1, 2, 3),$$

d. h.

$$(\varepsilon_{ij} - \lambda \delta_{ij})\, d_j = 0 \quad (i = 1, 2, 3) \tag{19}$$

gilt. Die Vektoren $\boldsymbol{d}$, deren Komponenten (19) genügen, werden *Eigenvektoren* des Tensors genannt, dessen Komponenten ε_{ij} sind, und die entsprechenden Skalare λ werden *Eigenwerte* genannt.

Wir haben eine Menge von drei linearen homogenen Gleichungen, aus denen für jeden Wert von λ die drei Komponenten von $\boldsymbol{d}$ bestimmt werden können; solch eine Menge erlaubt eine nichttriviale Lösung nur dann, wenn

$$\begin{vmatrix} \varepsilon_{11} - \lambda & \varepsilon_{21} & \varepsilon_{13} \\ \varepsilon_{21} & \varepsilon_{22} - \lambda & \varepsilon_{23} \\ \varepsilon_{31} & \varepsilon_{32} & \varepsilon_{33} - \lambda \end{vmatrix} = 0 \tag{20}$$

gilt. Gleichung (20) ist in λ kubisch, so daß sie drei Wurzeln $\lambda^{(1)}$, $\lambda^{(2)}$, $\lambda^{(3)}$ besitzen wird. Da physikalische Überlegungen reelle Werte $\lambda^{(\alpha)}$ $(\alpha = 1, 2, 3)$ fordern, müssen wir uns fragen, ob Gleichung (20) komplexe Lösungen haben kann oder nicht. Wir wollen zunächst annehmen, daß Gleichung (20) eine komplexe Wurzel, sagen wir $\lambda = \Lambda$, hat. Weil Gleichung (20) eine reelle algebraische Gleichung ist, muß $\lambda = \Lambda^*$ ihr ebenfalls genügen. Wenn die Größen $d_j = D_j$ $(j = 1, 2, 3)$, die komplex sein können, Lösungen von Gleichung (20) mit dem entsprechenden Eigenwert $\lambda = \Lambda$ sind, dann gilt

$$\varepsilon_{ij} D_j = \Lambda D_i \quad (i = 1, 2, 3) \tag{21}$$

und

$$\varepsilon_{ji} D_i^* = \Lambda^* D_j^* \quad (j = 1, 2, 3), \tag{22}$$

so daß

$$\varepsilon_{ij} D_i^* D_j = \Lambda D_j^* D_i \tag{23}$$

und

$$\varepsilon_{ji} D_i^* D_j = \Lambda^* D_j^* D_j \tag{24}$$

ist. Wir erhalten also

$$\begin{aligned} \Lambda D_i^* D_i - \Lambda^* D_j^* D_j &= (\Lambda - \Lambda^*)\, D_i^* D_i \\ &= (\varepsilon_{ij} - \varepsilon_{ji}) D_j^* D_j \\ &= 0, \end{aligned} \tag{25}$$

weil $\varepsilon_{ij} = \varepsilon_{ji}$ gilt. Unter der Voraussetzung $D \neq 0$ folgt nun, daß $\Lambda = \Lambda^*$ ist. Wir haben also bewiesen, daß die Wurzeln von Gleichung (20) in dem Fall $\varepsilon_{ij} = \varepsilon_{ji}$ immer reell sind.

Wir zeigen nun: Wenn ein Paar von durch die Gleichung (20) gegebenen Eigenwerten voneinander verschieden ist, dann sind die entsprechenden Eigenvektoren orthogonal. Dazu wollen wir annehmen, daß $\lambda = \lambda^{(\alpha)}$, $\lambda = \lambda^{(\beta)}$ zwei Wurzeln von Gleichung (20) mit $\lambda^{(\alpha)} \neq \lambda^{(\beta)}$ sind und daß die entsprechenden Eigenvektoren $\boldsymbol{d}^{(\alpha)}$ und $\boldsymbol{d}^{(\beta)}$ sind.

Wir haben

$$\varepsilon_{ij} d_j^{(\alpha)} = \lambda^{(\alpha)} d_i^{(\alpha)} \quad (i, = 1, 2, 3) \tag{26}$$

und

$$\varepsilon_{ji} d_i^{(\beta)} = \lambda^{(\beta)} d_j^{(\beta)} \quad (j = 1, 2, 3), \tag{27}$$

so daß

$$\varepsilon_{ij} d_i^{(\beta)} d_j^{(\alpha)} = \lambda^{(\alpha)} d_i^{(\alpha)} d_i^{(\beta)} \tag{28}$$

und

$$\varepsilon_{ji} d_i^{(\beta)} d_j^{(\alpha)} = \lambda^{(\beta)} d_j^{(\beta)} d_j^{(\alpha)} \tag{29}$$

ist. Wir erhalten also

$$\begin{aligned} \lambda^{(\alpha)} d_i^{(\alpha)} d_i^{(\beta)} - \lambda^{(\beta)} d_j^{(\beta)} d_j^{(\alpha)} &= (\lambda^{(\alpha)} - \lambda^{(\beta)})\, d_i^{(\alpha)} d_i^{(\beta)} \\ &= (\varepsilon_{ij} - \varepsilon_{ji})\, d_i^{(\beta)} d_j^{(\alpha)} \\ &= 0, \end{aligned} \tag{30}$$

weil $\varepsilon_{ij} = \varepsilon_{ji}$ ist. Es folgt nun

$$\boldsymbol{d}^{(\alpha)} \cdot \boldsymbol{d}^{(\beta)} = 0, \tag{31}$$

vorausgesetzt, $\lambda^{(\alpha)} \neq \lambda^{(\beta)}$.

Beispiel 4. Wenn

$$[\varepsilon_{ij}] = \begin{bmatrix} 1 & -1 & 0 \\ -1 & 1 & 0 \\ 0 & 0 & 3 \end{bmatrix}$$

gilt, dann zeige, daß es möglich ist, ein Rechtssystem von gegenseitig orthogonalen Einheitsvektoren $\hat{\boldsymbol{d}}^{(\alpha)}$ $(\alpha = 1, 2, 3)$ zu konstruieren, so daß

$$\varepsilon_{ij} \hat{d}_j^{(\alpha)} = \lambda^{(\alpha)} \hat{d}_i^{(\alpha)} \quad (\alpha = 1, 2, 3, \quad i = 1, 2, 3)$$

ist, wobei die Skalare $\lambda^{(\alpha)}$ zu bestimmen sind.

Die Größen $\lambda^{(\alpha)}$ sind die Wurzeln der kubischen Gleichung

$$\begin{vmatrix} 1 - \lambda & -1 & 0 \\ -1 & 1 - \lambda & 0 \\ 0 & 0 & 3 - \lambda \end{vmatrix} = 0,$$

d. h. $\lambda(\lambda - 2)(\lambda - 3) = 0$. Wir können also nehmen

$$\lambda^{(1)} = 0, \quad \lambda^{(2)} = 2, \quad \lambda^{(3)} = 3,$$

und die entsprechenden Eigenvektoren

$$\hat{\boldsymbol{d}}^{(1)} = \frac{1}{\sqrt{2}}(\boldsymbol{u}_1 + \boldsymbol{u}_2),$$

$$\hat{\boldsymbol{d}}^{(2)} = \frac{1}{\sqrt{2}}(\boldsymbol{u}_2 - \boldsymbol{u}_1),$$

$$\hat{\boldsymbol{d}}^{(3)} = \boldsymbol{u}_3$$

bilden eine rechtshändige Triade von gegenseitig orthogonalen Einheitsvektoren. In dem Fall $\lambda = \lambda^{(1)} = 0$ wird Gleichung (19) zum Beispiel zu

$$\begin{aligned} d_1^{(1)} - d_2^{(1)} &= 0, \\ -d_1^{(1)} + d_2^{(1)} &= 0, \\ 3d_3^{(1)} &= 0, \end{aligned}$$

so daß

$$d_1^{(1)} = d_2^{(1)},\ d_3^{(1)} = 0$$

gilt und

$$\boldsymbol{d}^{(1)} = \pm\frac{1}{\sqrt{2}}(\boldsymbol{u}_1 + \boldsymbol{u}_2)$$

ein Einheitseigenvektor in der entsprechenden Richtung ist. Die Einheitseigenvektoren $\hat{\boldsymbol{d}}^{(2)}$ und $\hat{\boldsymbol{d}}^{(3)}$ werden in ähnlicher Weise gefunden, und die Vorzeichen werden so gewählt, daß

$$\hat{\boldsymbol{d}}^{(\alpha)} \times \hat{\boldsymbol{d}}^{(\beta)} = \varepsilon_{\alpha\beta\gamma}\hat{\boldsymbol{d}}^{(\gamma)}$$

ist, wobei α, β, γ eine beliebige Permutation von 1, 2, 3 ist.

Es kann geschehen, daß die Wurzeln von Gleichung (20) nicht voneinander verschieden sind. Es ist in solchen

Fällen noch möglich, Rechtssysteme von gegenseitig orthogonalen Eigenvektoren zu konstruieren. Folgendes Beispiel illustriert diesen Punkt.

Beispiel 5. Wenn

$$[\varepsilon_{ij}] = \begin{bmatrix} 8 & -3 & -3 \\ -3 & 8 & -3 \\ -3 & -3 & 8 \end{bmatrix}$$

ist, dann zeige, daß die Wurzeln von Gleichung (20) nicht voneinander verschieden sind, daß aber ein Rechtssystem von gegenseitig orthogonalen Einheitsvektoren konstruiert werden kann.

Gleichung (20) wird zu

$$\begin{vmatrix} 8-\lambda & -3 & -3 \\ -3 & 8-\lambda & -3 \\ -3 & -3 & 8-\lambda \end{vmatrix} = 0,$$

d. h. $(\lambda - 11)^2 (\lambda - 2) = 0$. Wir können also nehmen

$$\lambda^{(1)} = 2, \quad \lambda^{(2)} = \lambda^{(3)} = 11.$$

Wir wollen zuerst einen Einheitseigenvektor $\hat{\boldsymbol{d}}^{(1)}$ konstruieren, der dem Eigenwert $\lambda^{(1)}$ entspricht: Dazu müssen wir die Gleichungen

$$6\hat{d}_1^{(1)} - 3\hat{d}_2^{(1)} - 3\hat{d}_3^{(1)} = 0,$$

$$-3\hat{d}_1^{(1)} + 6\hat{d}_2^{(1)} - 3\hat{d}_3^{(1)} = 0,$$

$$-3\hat{d}_1^{(1)} - 3\hat{d}_2^{(1)} + 6\hat{d}_3^{(1)} = 0$$

zusammen mit der Normierungsbedingung

$$(\hat{d}_1^{(1)})^2 + (\hat{d}_2^{(1)})^2 + (\hat{d}_3^{(1)})^2 = 1$$

erfüllen. Wir können deshalb

$$\hat{\boldsymbol{d}}^{(1)} = \frac{1}{\sqrt{3}} (\boldsymbol{u}_1 + \boldsymbol{u}_2 + \boldsymbol{u}_3)$$

setzen.

Wenn wir uns nun dem Problem zuwenden, die dem Eigenwert $\lambda^{(2)} = \lambda^{(3)} = 11$ entsprechenden Einheitseigenvektoren $\hat{\boldsymbol{d}}$ zu finden, sehen wir, daß es, abgesehen von der Normierungsbedingung $\hat{\boldsymbol{d}} \cdot \hat{\boldsymbol{d}} = 1$, nur eine einzige Gleichung

$$\hat{d}_1 + \hat{d}_2 + \hat{d}_3 = 0$$

gibt, aus der $\hat{\boldsymbol{d}}$ zu bestimmen ist. Deshalb ist jeder Vektor $\hat{\boldsymbol{d}}$ mit der Form

$$\hat{\boldsymbol{d}} = \frac{x\boldsymbol{u}_1 + y\boldsymbol{u}_2 - (x+y)\boldsymbol{u}_3}{\sqrt{\{2(x^2 + y^2 + xy)\}}}, \tag{32}$$

wobei x und y willkürlich sind, ein möglicher Einheitseigenvektor. So sind zum Beispiel die Vektoren

$$\hat{\boldsymbol{d}}^{(2)} = \frac{1}{\sqrt{2}} (\boldsymbol{u}_2 - \boldsymbol{u}_3),$$

$$\hat{\boldsymbol{d}}^{(3)} = \frac{1}{\sqrt{6}} (-2\boldsymbol{u}_1 + \boldsymbol{u}_2 + \boldsymbol{u}_3)$$

Eigenvektoren der Form (32), die $x = 0$, $y = 1$ bzw. $x = -2$ und $y = 1$ entsprechen; sie sind gegenseitig orthogonale Einheitseigenvektoren mit dem gleichen Eigenwert $\lambda^{(2)} = \lambda^{(3)} = 11$. Mehr noch, sie sind automatisch orthogonal zu dem Einheitseigenvektor $\hat{\boldsymbol{d}}^{(1)}$, der zu dem unterschiedlichen Eigenwert $\lambda^{(1)} = 2$ gehört, und $\hat{\boldsymbol{d}}^{(1)}$, $\hat{\boldsymbol{d}}^{(2)}$ und $\hat{\boldsymbol{d}}^{(3)}$ bilden ein Rechtssystem.

Für den Fall, daß alle drei Wurzeln von Gleichung (20) identisch sind, ist jedes (rechtshändige) System von gegenseitig orthogonalen Einheitsvektoren ein System von Eigenvektoren, die Gleichung (19) erfüllen und die dem

Eigenwert $\lambda^{(1)} = \lambda^{(2)} = \lambda^{(3)}$ entsprechen (Übungen 7, Aufgabe 2).

Die durch die Vektorgleichung (17) bestimmten Richtungen werden *Hauptrichtungen* und die entsprechenden Verzerrungen oder Dehnungen *Hauptdehnungen* genannt.

Beispiel 6. Diskutiere die Koordinatentransformation

$$\boldsymbol{u}_i = a_{ij}\boldsymbol{v}_j \quad (i = 1, 2, 3),$$

bei der $\boldsymbol{u}_i$ $(i = 1, 2, 3)$ ein gegebenes Rechtssystem von gegenseitig orthogonalen Einheitsvektoren und $\boldsymbol{v}_j$ $(j = 1, 2, 3)$ ein zweites System ist, das in Richtung der Hauptrichtungen zeigt.

Wir wollen annehmen, daß wir die Eigenwerte $\lambda^{(\alpha)}$ $(\alpha = 1, 2, 3)$ des reellen symmetrischen Tensors, dessen Komponenten ε_{ij} sind, zusammen mit einem Rechtssystem von gegenseitig orthogonalen Eigenvektoren $\hat{\boldsymbol{d}}^{(\alpha)}$ $(\alpha = 1, 2, 3)$ bestimmt haben. Wir wollen weiter annehmen, daß wir eine Koordinatentransformation durchführen, die unsere Originaltriade $\boldsymbol{u}_i$ $(i = 1, 2, 3)$ in die Triade $\boldsymbol{v}_j$ $(j = 1, 2, 3)$ mit Hilfe der Beziehung

$$\boldsymbol{u}_i = a_{ij}\boldsymbol{v}_j \quad (i = 1, 2, 3)$$

überführt, wobei

$$\boldsymbol{v}_j = \hat{\boldsymbol{d}}^{(j)}$$

ist (vgl. 3.2. Gleichung (16)).

Gleichung (16) kann wie folgt transformiert werden

$$\begin{aligned} a_{ki}(d_i' - d_i) &= a_{ki}\varepsilon_{ij}\delta_{jl}d_l \\ &= a_{ki}\varepsilon_{ij}a_{mj}a_{ml}d_l \quad (k = 1, 2, 3), \end{aligned}$$

da wir wegen Gleichung (22) von 3.2.

$$\delta_{jl} = a_{mj}a_{ml}$$

haben.

Wir erhalten also

$$a_{ki}(d_i' - d_i) = (a_{ki}\varepsilon_{ij}a_{mj})\,a_{ml}d_l$$

oder

$$d_k^{T'} - d_k^T = \varepsilon_{km}^T d_m^T,$$

wobei

$$d_k^{T'} = a_{ki}d_i', \quad d_k^T = a_{ki}d_i$$

und

$$\varepsilon_{km}^T = a_{ki}\varepsilon_{ij}a_{mj}$$

die verschiedenen Größen in dem neuen Koordinatensystem bezeichnen. In dem neuen System zeigen die Einheitsvektoren $\boldsymbol{v}_j$ ($j = 1, 2, 3$) in die Hauptrichtungen, so daß wir

$$a_{ki}\hat{d}_i^{(j)} = \delta_{k(j)}$$

schreiben können, daraus folgt

$$a_{ki} = \hat{d}_i^{(k)}.$$

Es ist also

$$\begin{aligned} \varepsilon_{km}^T &= \hat{d}_i^{(k)}\varepsilon_{ij}\hat{d}_j^{(m)} \\ &= \hat{d}_i^{(k)}\lambda^{(m)}\hat{d}_i^{(m)} \quad \text{(keine Summation über } m) \\ &= \lambda^{(m)}\delta_{k(m)} \quad \text{(keine Summation über } m). \end{aligned}$$

Wir folgern deshalb, daß

$$\begin{aligned} \varepsilon_{ij}^T &= 0, \quad i \neq j, \\ &= \lambda^{(i)}, \quad i = j, \end{aligned}$$

ist.

Aus den Betrachtungen von Beispiel 6 wird klar, daß wir ohne Einschränkung der Allgemeinheit annehmen dürfen, daß unsere Basisvektoren in die Hauptrichtungen zeigen und daß

$$[\varepsilon_{ij}] = \begin{bmatrix} \lambda^{(1)} & 0 & 0 \\ 0 & \lambda^{(2)} & 0 \\ 0 & 0 & \lambda^{(3)} \end{bmatrix} \tag{33}$$

ist.

7.3. Beispiele von Verzerrungen

Wir wollen annehmen, daß die Hauptrichtungen als die Richtungen unseres Rechtssystems von gegenseitig orthogonalen Einheitsbasisvektoren gewählt wurden. Unsere Untersuchung von Gleichung (16) hat sich nun auf die Untersuchung der Gleichung

$$d_i' - d_i = \varepsilon_{ij} d_j \quad (i = 1, 2, 3) \tag{34}$$

reduziert, wobei

$$\varepsilon_{ij} = 0, \quad i \neq j,$$

gilt. Gleichung (34) kann als

$$\begin{aligned} d_i &= d_i' - \varepsilon_{ij} d_j' \\ &= d_i' - \varepsilon_{ij}(d_j' - \varepsilon_{jk} d_k) \\ &= d_i' - \varepsilon_{ij} d_j' \quad (i = 1, 2, 3) \end{aligned} \tag{35}$$

geschrieben werden, wobei Größen zweiter Ordnung vernachlässigt wurden.

Wir wollen die Deformation eines kugelförmigen Teils eines Körpers betrachten, der von der Fläche

$$d_i d_i = a^2 \tag{36}$$

eingeschlossen ist. Dabei ist a der Radius der Kugel. Wenn wir Gleichung (35) benutzen, erhalten wir

$$d_i' d_i' - 2\varepsilon_{ij} d_i' d_j' = a^2. \tag{37}$$

Dabei haben wir wieder die Tatsache beachtet, daß die Deformation infinitesimal ist und deshalb die Größen zweiter Ordnung vernachlässigt werden dürfen. Wenn wir nun noch $\varepsilon_{ij} = 0, i \neq j$, benutzen, können wir Gleichung (37) als

$$\begin{aligned} d_1' d_1'(1 - 2\varepsilon_{11}) + d_2' d_2'(1 - 2\varepsilon_{22}) \\ + d_3' d_3'(1 - 2\varepsilon_{33}) = a^2 \end{aligned}$$

oder, unter Vernachlässigung der Terme zweiter Ordnung,

$$\frac{d_1'd_1'}{(1+\varepsilon_{11})^2}+\frac{d_2'd_2'}{(1+\varepsilon_{22})^2}+\frac{d_3'd_3'}{(1+\varepsilon_{33})^2}=a^2 \quad (38)$$

schreiben. Hierbei haben wir das Ergebnis des Binomialtheorems

$$(1+z)^{-2}=1-2z+O(z^2)$$

benutzt.

Eine Kugel mit dem Radius a wird also zu einem Ellipsoid mit dem Volumen

$$\tfrac{4}{3}\pi(1+\varepsilon_{11})(1+\varepsilon_{22})(1+\varepsilon_{33})\,a^3, \quad (39)$$

das unter Vernachlässigung der Größen zweiter Ordnung als

$$\tfrac{4}{3}\pi a^3(1+\varepsilon_{11}+\varepsilon_{22}+\varepsilon_{33}) \quad (40)$$

geschrieben werden kann.

Der *Dilatationskoeffizient* Δ ist definiert als die Volumenzunahme pro Einheitsvolumen, er beträgt für den hier betrachteten Typ von infinitesimalen Verzerrungen

$$\Delta=\varepsilon_{11}+\varepsilon_{22}+\varepsilon_{33}. \quad (41)$$

Es ist sehr einfach zu zeigen (Übungen 7, Aufgabe 3), daß, ganz gleich, ob die Basisvektoren $\boldsymbol{u}_i$ in die Hauptrichtungen zeigen oder nicht, die Summe $\varepsilon_{11}+\varepsilon_{22}+\varepsilon_{33}$ gleich der Summe der Eigenwerte ist, d. h.

$$\varepsilon_{11}+\varepsilon_{22}+\varepsilon_{33}=\lambda^{(1)}+\lambda^{(2)}+\lambda^{(3)}. \quad (42)$$

Wenn $\Delta=0$ ist, ruft die Deformation keine Volumenänderung hervor, sie wird dann als *reine Scherung* bezeichnet.

Beispiel 7. Bei einer gegebenen infinitesimalen homogenen Deformation hat der Verzerrungstensor die Komponenten ε_{ij}, die die Matrix

$$[\varepsilon_{ij}] = \begin{bmatrix} 0 & \frac{1}{2}n & 0 \\ \frac{1}{2}n & 0 & 0 \\ 0 & 0 & 0 \end{bmatrix}$$

bilden, wobei n eine Konstante ist. Zeige, daß die Deformation eine reine Scherung ist, und diskutiere die physikalische Natur der Verzerrung.

Die Eigenwertgleichung ist

$$\begin{vmatrix} -\lambda & \frac{1}{2}n & 0 \\ \frac{1}{2}n & -\lambda & 0 \\ 0 & 0 & -\lambda \end{vmatrix} = 0,$$

d. h. $\lambda(\lambda + \frac{1}{2}n)(\lambda - \frac{1}{2}n) = 0$.

Wir können also schreiben

$$\lambda^{(1)} = -\tfrac{1}{2}n, \quad \lambda^{(2)} = 0, \quad \lambda^{(3)} = \tfrac{1}{2}n,$$

und der Dilatationskoeffizient Δ verschwindet. Gleichung (16) kann als

$$d_1' = d_1 + \tfrac{1}{2}n\,d_2,$$
$$d_2' = d_2 + \tfrac{1}{2}n\,d_1,$$
$$d_3' = d_3.$$

geschrieben werden. Die Teilchen erleiden Verschiebungen in Ebenen normal zu der Richtung des Einheitsvektors $\boldsymbol{u}_3$.

Übungen 7

1. Zeige, daß die Eigenwerte des Tensors, dessen Komponenten der Elemente der Matrix

$$[\varepsilon_{ij}] = \begin{bmatrix} 7 & -2 & 1 \\ -2 & 10 & -2 \\ 1 & -2 & 7 \end{bmatrix}$$

sind, gleich 6, 6, 12 sind, und beweise, daß die zu den verschiedenen Eigenwerten gehörenden Eigenvektoren orthogonal sind und daß eine Triade von gegenseitig orthogonalen Eigenvektoren konstruiert werden kann.

2. Der Verzerrungstensor für eine gegebene reine infinitesimale homogene Verzerrung hat drei gleiche Eigenwerte.

Zeige, daß die Dilatation gleichförmig ist, d. h., daß eine Volumenänderung ohne Gehaltsänderung auftritt (solch eine Deformation wird *hydrostatische Kompression* genannt).

Zeige, daß jede Richtung eine Hauptrichtung ist.

3. Zeige, daß die Summe der Eigenwerte des Verzerrungstensors, dessen Komponenten ε_{ij} $(i, j = 1, 2, 3)$ sind, gleich $\varepsilon_{11} + \varepsilon_{22} + \varepsilon_{33}$ ist.

Beweise dieses Ergebnis für den Tensor von Aufgabe 1. (*Hinweis*: Bestimme den Koeffizienten von λ^2 in der kubischen Gleichung (20)).

4. Benutze die Identität

$$\varepsilon_{ij} = (\varepsilon_{ij} - \tfrac{1}{3}\,\delta_{ij}\,\varepsilon_{kk}) + \tfrac{1}{3}\,\delta_{ij}\varepsilon_{kk},$$

um zu zeigen, daß jede reine infinitesimale homogene Verzerrung als die Summe einer reinen Scherung und einer hydrostatischen Kompression dargestellt werden kann.

8. Der Gradientenoperator

8.1. Richtungsableitungen

Eine eindeutige skalare Funktion des Ortes $f(\boldsymbol{r})$, die in einem Raumgebiet $\mathcal{R}$ definiert ist, wird *Skalarfeld* genannt. Flächen der Form

$$f(\boldsymbol{r}) = k, \tag{1}$$

wobei k eine Konstante ist, werden *Niveauflächen* genannt, sie sind für physikalische Belange sehr interessant.

Häufig ist auch die Normalenrichtung einer Niveaufläche physikalisch wichtig.

Beispiel 1. Die Temperatur eines Körpers ist ein skalares Feld.

Der Körper möge ein Raumgebiet $\mathscr{R}$ ausfüllen. Wenn die Punkte von $\mathscr{R}$ durch den Wert des Ortsvektors $\boldsymbol{r}$ bestimmt werden, dann kann die Menge der Temperaturwerte an den verschiedenen Punkten von $\mathscr{R}$ durch eine eindeutige, in $\mathscr{R}$ definierte skalare Funktion $f(\boldsymbol{r})$ dargestellt werden.

Beispiel 2. In der Meteorologie werden Flächen gleicher Temperatur als *isotherme Flächen* bezeichnet. Die Wärme breitet sich in der Normalenrichtung zu solchen Flächen aus.

Betrachtungen , die zur Diskussion von Problemen wie in Beispiel 2 notwendig sind, führen zwanglos zu der Definition einer Richtungsableitung. Wir wollen unsere Aufmerksamkeit auf einen speziellen Punkt P lenken, dessen Ortsvektor $\boldsymbol{r}_P$ in dem Definitionsbereich $\mathscr{R}$ des Skalarfeldes enthalten ist. Wenn der Grenzwert

$$\lim_{|\delta r| \to 0} \frac{f(\boldsymbol{r}_P + \delta \boldsymbol{r}_P) - f(\boldsymbol{r}_P)}{|\delta \boldsymbol{r}_P|} \tag{2}$$

existiert, wobei $\delta \boldsymbol{r}_P \to \mathbf{0}$ in Richtung eines gegebenen Einheitsvektors $\hat{\mathbf{s}}_P$ zeigt, dann wird der Grenzwert (2) als *Richtungsableitung* von $f(\boldsymbol{r})$ bei P in Richtung des Einheitsvektors $\hat{\mathbf{s}}_P$ bezeichnet.

Wir nehmen, solange keine explizite Feststellung vom Gegenteil gemacht wird, an, daß die in diesem Buch diskutierten Skalarfelder Richtungsableitungen besitzen und daß unsere Diskussionen sich auf die Gebiete $\mathscr{R}$ beschränken, in denen diese Ableitungen existieren.

Der Ortsvektor $\boldsymbol{r}$ kann in der Form

$$\begin{aligned} \boldsymbol{r} &= \boldsymbol{x} + \boldsymbol{y} + \boldsymbol{z} \\ &= x\hat{\boldsymbol{x}} + y\hat{\boldsymbol{y}} + z\hat{\boldsymbol{z}} \end{aligned} \tag{3}$$

geschrieben werden, wobei $\hat{\boldsymbol{x}}$, $\hat{\boldsymbol{y}}$, $\hat{\boldsymbol{z}}$ drei unabhängige Einheitsvektoren sind (nicht notwendigerweise orthogonal) und das Skalarfeld $f(\boldsymbol{r})$ als Funktion der drei skalaren Variablen x, y, z behandelt werden kann. Die Richtungsableitung von $f(\boldsymbol{r})$ entlang der Richtung des Einheitsvektors $\hat{\boldsymbol{x}}$ ist nichts anderes als die partielle Ableitung von $f(\boldsymbol{r})$ nach x, d. h.

$$\lim_{|\delta r|\to 0} \frac{f(\boldsymbol{r}+\delta\boldsymbol{r})-f(\boldsymbol{r})}{|\delta\boldsymbol{r}|} = \lim_{|\delta x|\to 0} \frac{f(\boldsymbol{r}+\delta x\hat{\boldsymbol{x}})-f(\boldsymbol{r})}{\delta x} = \frac{\partial f}{\partial x}. \tag{4}$$

Ganz allgemein schreiben wir

$$\frac{\partial f}{\partial s} = \lim_{|\delta r|\to 0} \frac{f(\boldsymbol{r}+\delta\boldsymbol{r})-f(\boldsymbol{r})}{|\delta\boldsymbol{r}|}, \tag{5}$$

wobei $\delta\boldsymbol{r} = \delta s\,\hat{\mathbf{s}}$ ist und s eine Koordinate bezeichnet, die in Richtung des Einheitsvektors $\hat{\mathbf{s}}$ gemessen wird.

Beispiel 3. Wenn $f(\boldsymbol{r})$ und $g(\boldsymbol{r})$ skalare Felder sind, dann zeige, daß

$$\frac{\partial}{\partial s}(f+g) = \frac{\partial f}{\partial s} + \frac{\partial g}{\partial s}$$

und

$$\frac{\partial}{\partial s}(fg) = f\frac{\partial g}{\partial s} + \frac{\partial f}{\partial s}g$$

gilt.

Wir erhalten direkt

$$\frac{\partial}{\partial s}(f+g) = \lim_{|\delta r|\to 0}\left\{\frac{f(\boldsymbol{r}+\delta\boldsymbol{r})+g(\boldsymbol{r}+\delta\boldsymbol{r})-f(\boldsymbol{r})-g(\boldsymbol{r})}{|\delta\boldsymbol{r}|}\right\}$$
$$= \lim_{|\delta r|\to 0}\left[\left\{\frac{f(\boldsymbol{r}+\delta\boldsymbol{r})-f(\boldsymbol{r})}{|\delta\boldsymbol{r}|}\right\} + \left\{\frac{g(\boldsymbol{r}+\delta\boldsymbol{r})-g(\boldsymbol{r})}{|\delta\boldsymbol{r}|}\right\}\right] = \frac{\partial f}{\partial s} + \frac{\partial g}{\partial s},$$

$\delta\boldsymbol{r} = \delta s\,\hat{\mathbf{s}}$.

Das Argument, das zu dem zweiten Ergebnis führt, ist etwas ausführlicher

$$\begin{aligned}\frac{\partial}{\partial s}(fg) &= \lim_{|\delta r|\to 0}\left\{\frac{f(\boldsymbol{r}+\delta\boldsymbol{r})\,g(\boldsymbol{r}+\delta\boldsymbol{r})-f(\boldsymbol{r})\,g(\boldsymbol{r})}{|\delta\boldsymbol{r}|}\right\}\\ &= \lim_{|\delta r|\to 0}\left\{\frac{f(\boldsymbol{r}+\delta\boldsymbol{r})\,g(\boldsymbol{r}+\delta\boldsymbol{r})-f(\boldsymbol{r}+\delta\boldsymbol{r})\,g(\boldsymbol{r})}{|\delta\boldsymbol{r}|}\right.\\ &\qquad\left.+\frac{f(\boldsymbol{r}+\delta\boldsymbol{r})\,g(\boldsymbol{r})-f(\boldsymbol{r})\,g(\boldsymbol{r})}{|\delta\boldsymbol{r}|}\right\}\\ &= \lim_{|\delta r|\to 0}\left[f(\boldsymbol{r}+\delta\boldsymbol{r})\left\{\frac{g(\boldsymbol{r}+\delta\boldsymbol{r})-g(\boldsymbol{r})}{|\delta\boldsymbol{r}|}\right\}\right.\\ &\qquad\left.+\left\{\frac{f(\boldsymbol{r}+\delta\boldsymbol{r})-f(\boldsymbol{r})}{|\delta\boldsymbol{r}|}\right\}g(\boldsymbol{r})\right]\\ &= f\frac{\partial g}{\partial s}+\frac{\partial f}{\partial s}g, \qquad \delta\boldsymbol{r}=\delta s\,\hat{\boldsymbol{s}}.\end{aligned}$$

Wenn $\hat{\boldsymbol{n}}$ die Einheitsnormale in Richtung wachsender $f(\boldsymbol{r})$ an einem beliebigen Punkt der Niveaufläche ist, dann wird der Wert der Richtungsableitung $\delta f/\delta n$ als *Normalenableitung* von $f(\boldsymbol{r})$ an diesem Punkt bezeichnet. Mit der Normalenableitung eines Skalarfeldes an einem gegebenen Punkt ist der Vektor

$$\frac{\partial f}{\partial n}\hat{\boldsymbol{n}} \tag{6}$$

verknüpft, der *Gradient* von $f(\boldsymbol{r})$ genannt wird und mit

$$\operatorname{grad} f \tag{7}$$

bezeichnet wird.

Der Gradient, grad f, ist unabhängig von dem gewählten Koordinatensystem. Es ist üblich, einen Vektoroperator ∇, den *Gradientenoperator*, so einzuführen, daß

$$\operatorname{grad} f = \nabla f \tag{8}$$

ist.

Eine eindeutige Vektorfunktion des Ortes $\boldsymbol{F}(\boldsymbol{r})$, die in einem gewissen Gebiet $\mathscr{R}$ definiert ist, wird *Vektorfeld* genannt. Die Größe grad f ist ein Beispiel für ein mit einem Skalarfeld zusammenhängendes Vektorfeld.

Wir wollen zwei infinitesimal benachbarte Niveauflächen eines Skalarfeldes $f(\boldsymbol{r})$ betrachten. An einem gewissen Punkt P einer dieser Flächen (Abb. 37) mögen ihre

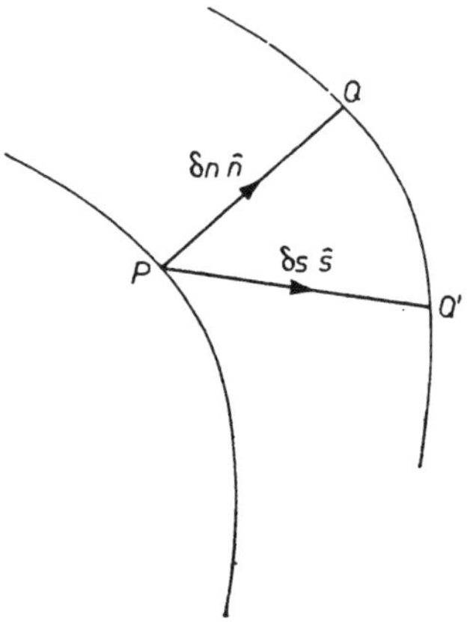

Abb. 37

Abstände entlang der Richtungen des Normaleneinheitsvektors $\hat{\boldsymbol{n}}$ und eines Einheitsvektors $\hat{\boldsymbol{s}}$ (der gegenüber $\hat{\boldsymbol{n}}$) um einen Winkel θ geneigt ist) $\delta\hat{\boldsymbol{n}}$ bzw. δs sein. Dann haben wir bei P

$$\frac{\partial f}{\partial s} = \lim_{\delta s \to 0} \frac{f(\boldsymbol{r}_{Q'}) - f(\boldsymbol{r}_P)}{\delta s}$$

$$= \lim_{\delta s \to 0} \frac{f(\boldsymbol{r}_Q) - f(\boldsymbol{r}_P)}{\delta s}, \qquad (9)$$

wobei $\boldsymbol{r}_P$, $\boldsymbol{r}_Q$, $\boldsymbol{r}_{Q'}$ die Ortsvektoren der Punkte P, Q, Q' bezüglich eines bestimmten Ursprungs sind (Abb. 37);

$f(\boldsymbol{r}_{Q'}) = f(\boldsymbol{r}_Q)$, weil Q und Q' auf der gleichen Niveaufläche liegen. Wir erhalten also

$$\begin{aligned}
\frac{\partial f}{\partial s} &= \lim_{\substack{\delta s \to 0 \\ \delta n \to 0}} \frac{\delta n}{\delta s} \frac{f(\boldsymbol{r}_Q) - f(\boldsymbol{r}_P)}{\delta n} \\
&= \cos\theta \lim_{\delta n \to 0} \frac{f(\boldsymbol{r}_Q) - f(\boldsymbol{r}_P)}{\delta n} \\
&= \cos\theta \frac{\partial f}{\partial n} \\
&= \hat{\mathbf{s}} \cdot \left(\hat{\boldsymbol{n}} \frac{\partial f}{\partial n}\right) \\
&= \hat{\mathbf{s}} \cdot (\operatorname{grad} f) \\
&= \hat{\mathbf{s}} \cdot \nabla f. \qquad (10)
\end{aligned}$$

Beispiel 4. Zeige, daß

$$\nabla(f + g) = \nabla f + \nabla g$$

und

$$\nabla(fg) = f\nabla g + g\nabla f$$

gilt, wobei $f(\boldsymbol{r})$ und $g(\boldsymbol{r})$ Skalarfelder sind.

$$\begin{aligned}
\hat{\mathbf{s}} \cdot \nabla(f + g) &= \frac{\partial}{\partial s}(f + g) \\
&= \frac{\partial f}{\partial s} + \frac{\partial g}{\partial s} \\
&= \hat{\mathbf{s}} \cdot \nabla f + \hat{\mathbf{s}} \cdot \nabla g \\
&= \hat{\mathbf{s}}(\nabla f + \nabla g)
\end{aligned}$$

und analog

$$\hat{\mathbf{s}} \cdot \nabla\, (fg) = f\frac{\partial g}{\partial s} + g\frac{\partial f}{\partial s}$$

$$= \hat{\mathbf{s}} \cdot (f\nabla g + g\nabla f).$$

Diese Resultate geben die obige Behauptung, weil $\hat{\mathbf{s}}$ ein beliebiger Vektor ist.

Das zweite Ergebnis ist nichts anderes als eine übliche Verallgemeinerung der „Produktregel", wie sie in der gewöhnlichen Analysis bekannt ist.

Andersartige Beweise für diese Ergebnisse werden in den Übungen 8, Aufgabe 20, und in den Übungen 9, Aufgabe 2, skizziert.

Beispiel 5. Zeige, daß der Gradient einer Konstanten der Nullvektor ist.

Wenn k eine Konstante ist, dann ist

$$\nabla k = \hat{\boldsymbol{n}}\frac{\partial k}{\partial n}$$

$$= 0.$$

Beispiel 6. Zeige, daß

$$\nabla r^2 = 2\boldsymbol{r}.$$

$$\frac{\partial r^2}{\partial s} = \lim_{|\delta r| \to 0} \left\{\frac{(\boldsymbol{r} + \delta\boldsymbol{r}) \cdot (\boldsymbol{r} + \delta\boldsymbol{r}) - \boldsymbol{r} \cdot \boldsymbol{r}}{|\delta\boldsymbol{r}|}\right\}$$

$$= \lim_{|\delta r| \to 0} \left\{\frac{\boldsymbol{r} \cdot \delta\boldsymbol{r} + \delta\boldsymbol{r} \cdot \boldsymbol{r}}{|\delta\boldsymbol{r}|}\right\}$$

$$= 2 \lim_{|\delta r| \to 0} \left\{\boldsymbol{r} \cdot \frac{(\delta\boldsymbol{r})}{|\delta\boldsymbol{r}|}\right\}$$

$$= 2\boldsymbol{r} \cdot \hat{\mathbf{s}}, \quad \delta\boldsymbol{r} = \delta s\,\hat{\mathbf{s}}$$

gilt. Wir wissen, daß

$$\frac{\partial r^2}{\partial s} = \hat{\mathbf{s}} \cdot \nabla r^2$$

ist, so daß

$$\hat{\mathbf{s}} \cdot (2\boldsymbol{r}) = \hat{\mathbf{s}} \cdot \nabla r^2$$

gilt. Da $\hat{\mathbf{s}}$ in jede Richtung zeigen kann, erhalten wir

$$\nabla r^2 = 2\boldsymbol{r}.$$

8.2. Orthogonale krummlinige Koordinaten

Wir nehmen an, daß ein Produkt P im Raum eindeutig durch ein Tripel von Zahlen (q_1, q_2, q_3) gekennzeichnet werden kann. Wir können P als den Schnittpunkt von drei Niveauflächen

$$q_i = q_i(\boldsymbol{r}) \quad (i = 1, 2, 3) \tag{11}$$

betrachten, wobei $\boldsymbol{r}$ der Ortsvektor von P bezüglich eines gegebenen Ursprungs ist. Die Flächen (11) werden *Koordinatenflächen* und das Tripel (q_1, q_2, q_3) *krummlinige Koordinaten* von P genannt. Wir können den Ortsvektor $\boldsymbol{r}$ von P als eine Funktion von drei Parametern q_1, q_2, q_3 betrachten und schreiben

$$\boldsymbol{r} = \boldsymbol{r}(q_1, q_2, q_3). \tag{12}$$

Wenn q_1 und q_2 festgehalten werden und q_3 variiert, dann bewegt sich der Punkt P entlang einer Kurve im Raum. Solch eine Kurve nennt man eine *Koordinatenkurve*, wir wollen sie mit Γ_3 bezeichnen. Der Vektor

$$\boldsymbol{h}_3 = \frac{\partial \boldsymbol{r}}{\partial q_3} \tag{13}$$

ist tangential zu Γ_3. In ähnlicher Weise können wir eine Triade von Vektoren

$$\boldsymbol{h}_i = \frac{\partial \boldsymbol{r}}{\partial q_i} \quad (i = 1, 2, 3) \tag{14}$$

definieren, die tangential zu den Koordinatenkurven Γ_i $(i = 1, 2, 3)$ sind[1]). Wir wollen ein Rechtssystem von Einheitsvektoren

$$\boldsymbol{u}_i(\boldsymbol{r}) \quad (i = 1, 2, 3), \tag{15}$$

das mit dem Punkt P zusammenhängt, durch die Formeln

$$\boldsymbol{h}_1 = h_1 \boldsymbol{u}_1, \quad \boldsymbol{h}_2 = h_2 \boldsymbol{u}_2, \quad \boldsymbol{h}_3 = h_3 \boldsymbol{u}_3 \tag{16}$$

definieren. Wenn die Vektoren $\boldsymbol{u}_i$ $(i = 1, 2, 3)$ gegenseitig orthogonal sind, dann bezeichnen wir die Koordinaten (q_1, q_2, q_3) als *orthogonale krummlinige Koordinaten.*

Nun ist

$$\begin{aligned} \delta \boldsymbol{r} &= \frac{\partial \boldsymbol{r}}{\partial q_1} \delta q_1 + \frac{\partial \boldsymbol{r}}{\partial q_2} \delta q_2 + \frac{\partial \boldsymbol{r}}{\partial q_3} \delta q_3 \\ &= (h_1 \delta q_1)\, \boldsymbol{u}_1 + (h_2 \delta q_2)\, \boldsymbol{u}_2 + (h_3 \delta q_3)\, \boldsymbol{u}_3, \end{aligned} \tag{17}$$

so daß die Richtungsableitung bei P in Richtung des Einheitsvektors $\boldsymbol{u}_1$ eines skalaren Feldes

$$\begin{aligned} &\lim_{\delta q_1 \to 0} \frac{f(\boldsymbol{r} + \delta \boldsymbol{r}) - f(\boldsymbol{r})}{|\delta \boldsymbol{r}|}, \quad \delta \boldsymbol{r} = (h_1 \delta q_1) \boldsymbol{u}_3, \\ &= \frac{1}{h_1} \frac{\partial f}{\partial q_1} \end{aligned} \tag{18}$$

lautet. Es gilt also

$$\boldsymbol{u}_1 \cdot \nabla f = \frac{1}{h_1} \frac{\partial f}{\partial q_1}, \tag{19}$$

[1]) Die Geometrie der Kurven im dreidimensionalen Raum wird in 5.3. diskutiert.

und in einer einleuchtenden Bezeichnungsweise haben wir

$$\boldsymbol{u}_2 \cdot \nabla f = \frac{1}{h_2} \frac{\partial f}{\partial q_2}, \tag{20}$$

$$\boldsymbol{u}_3 \cdot \nabla f = \frac{1}{h_3} \frac{\partial f}{\partial q_3}. \tag{21}$$

Die Ergebnisse (19)—(21) können benutzt werden, um einen Ausdruck für ∇f anzugeben, nämlich

$$\nabla f = \frac{1}{h_1} \frac{\partial f}{\partial q_1} \boldsymbol{u}_1 + \frac{1}{h_2} \frac{\partial f}{\partial q_2} \boldsymbol{u}_2 + \frac{1}{h_3} \frac{\partial f}{\partial q_3} \boldsymbol{u}_3 . \tag{22}$$

Deshalb kann der Gradientenoperator symbolisch als

$$\nabla = \boldsymbol{u}_1 \frac{1}{h_1} \frac{\partial}{\partial q_1} + \boldsymbol{u}_2 \frac{1}{h_2} \frac{\partial}{\partial q_2} + \boldsymbol{u}_3 \frac{1}{h_3} \frac{\partial}{\partial q_3} \tag{23}$$

geschrieben werden.

Beispiel 7. Zeige, daß

$$\nabla q_1 = \frac{1}{h_1} \boldsymbol{u}_1, \quad \nabla q_2 = \frac{1}{h_2} \boldsymbol{u}_2, \quad \nabla q_3 = \frac{1}{h_3} \boldsymbol{u}_3 \tag{24}$$

ist.

Diese Ergebnisse folgen unmittelbar aus Operationen mit ∇ in der Form (23).

Beispiel 8. Leite einen Ausdruck für den Gradientenoperator in rechtwinkligen kartesischen Koordinaten ab.

In diesem Fall erhalten wir mit $q_1 = x$, $q_2 = y$, $q_3 = z$

$$\boldsymbol{h}_1 = \frac{\partial \boldsymbol{r}}{\partial x} = \boldsymbol{i}, \quad h_1 = 1, \quad \boldsymbol{u}_1 = \boldsymbol{i},$$

$$\boldsymbol{h}_2 = \frac{\partial \boldsymbol{r}}{\partial y} = \boldsymbol{j}, \quad h_2 = 1, \quad \boldsymbol{u}_2 = \boldsymbol{j},$$

$$\boldsymbol{h}_3 = \frac{\partial \boldsymbol{r}}{\partial z} = \boldsymbol{k}, \quad h_3 = 1, \quad \boldsymbol{u}_3 = \boldsymbol{k},$$

da

$$\boldsymbol{r} = y\boldsymbol{i} + y\boldsymbol{j} + z\boldsymbol{k}$$

ist. Aus Gleichung (23) haben wir also

$$\nabla = \boldsymbol{i}\frac{\partial}{\partial x} + \boldsymbol{j}\frac{\partial}{\partial y} + \boldsymbol{k}\frac{\partial}{\partial z}. \tag{25}$$

Beispiel 9. Leite einen Ausdruck für den Gradientenoperator in Kugelkoordinaten

$$x = r\sin\theta\cos\varphi,$$
$$y = r\sin\theta\sin\varphi,$$
$$z = r\cos\theta$$

ab.

Wir haben

$$\boldsymbol{r} = (r\sin\theta\cos\varphi)\,\boldsymbol{i} + (r\sin\theta\sin\varphi)\boldsymbol{j} + (r\cos\theta)\,\boldsymbol{k},$$

so daß wir mit $q_1 = r$, $q_2 = \theta$, $q_3 = \varphi$

$$\boldsymbol{h}_1 = \frac{\partial \boldsymbol{r}}{\partial r} = (\sin\theta\cos\varphi)\,\boldsymbol{i} + (\sin\theta\sin\varphi)\,\boldsymbol{j} + (r\cos\theta)\,\boldsymbol{k},$$

$$\boldsymbol{h}_2 = \frac{\partial \boldsymbol{r}}{\partial \theta} = (r\cos\theta\cos\varphi)\,\boldsymbol{i} + (r\cos\theta\sin\varphi)\,\boldsymbol{j} + (-r\sin\theta)\,\boldsymbol{k},$$

$$\boldsymbol{h}_3 = \frac{\partial \boldsymbol{r}}{\partial \varphi} = (-r\sin\theta\sin\varphi)\,\boldsymbol{i} + (r\sin\theta\cos\varphi)\,\boldsymbol{j}$$

und

$$h_1 = 1, \quad h_2 = r, \quad h_3 = r\sin\theta$$

haben. Es ist also

$$\boldsymbol{u}_1 = \boldsymbol{h}_1, \quad \boldsymbol{u}_2 = \frac{1}{r}\boldsymbol{h}_2, \quad \boldsymbol{u}_3 = \frac{1}{r\sin\theta}\boldsymbol{h}_3.$$

Wenn wir das Ergebnis (23) benutzen, können wir die gewünschte Form des Gradienten

$$\nabla = \boldsymbol{u}_1 \frac{\partial}{\partial r} + \boldsymbol{u}_2 \frac{1}{r} \frac{\partial}{\partial \theta} + \boldsymbol{u}_3 \frac{1}{r \sin \theta} \frac{\partial}{\partial \varphi}$$

schreiben.

Beispiel 10. Benutze die in Beispiel 8 abgeleitete Darstellung des Gradientenoperators, um zu zeigen, daß

$$\nabla r^m = m r^{m-2} \boldsymbol{r}$$

gilt. Wir haben

$$\begin{aligned}
\nabla r^m &= \boldsymbol{i} \frac{\partial r^m}{\partial x} + \boldsymbol{j} \frac{\partial r^m}{\partial y} + \boldsymbol{k} \frac{\partial r^m}{\partial z} \\
&= m r^{m-1} \left(\boldsymbol{i} \frac{\partial r}{\partial x} + \boldsymbol{j} \frac{\partial r}{\partial y} + \boldsymbol{k} \frac{\partial r}{\partial z} \right) \\
&= m r^{m-1} \left\{ \boldsymbol{i} \left(\frac{x}{r} \right) + \boldsymbol{j} \left(\frac{y}{r} \right) + \boldsymbol{k} \left(\frac{z}{r} \right) \right\} \\
&= m r^{m-2} \boldsymbol{r},
\end{aligned}$$

da zum Beispiel

$$\begin{aligned}
\frac{\partial r}{\partial x} &= \frac{\partial}{\partial x} \{(x^2 + y^2 + z^2)^{1/2}\} \\
&= x (x^2 + y^2 + z^2)^{-1/2} \\
&= \frac{x}{r}
\end{aligned}$$

ist.

8.3. Divergenz eines Vektorfeldes

In vielen Zweigen der Physik treten häufig Ausdrücke der Form

$$\frac{\partial F_x}{\partial x} + \frac{\partial F_y}{\partial y} + \frac{\partial F_z}{\partial z} \tag{26}$$

auf, wobei

$$\boldsymbol{F} = F_x \boldsymbol{i} + F_y \boldsymbol{j} + F_z \boldsymbol{k}$$

ein Vektorfeld ist.

Beispiel 11. Die *Kontinuitätsgleichung*

$$\frac{\partial \varrho}{\partial t} + \frac{\partial F_x}{\partial x} + \frac{\partial F_y}{\partial y} + \frac{\partial F_z}{\partial z} = 0$$

tritt in unterschiedlichen Zusammenhängen auf, so zum Beispiel im Elektromagnetismus, in der Flüssigkeitsmechanik und in der Quantentheorie.

In der Elektrizitätslehre (Hydrodynamik) ist ϱ die Dichte der elektrischen Ladung (Masse), während $\boldsymbol{F} = \varrho \boldsymbol{v}$ ist, wobei $\boldsymbol{v}$ die Geschwindigkeit der die Ladung (Masse) tragenden Teilchen sei.

In der Quantenmechanik ist ϱ die Wahrscheinlichkeitsdichte, während $\boldsymbol{F}$ die Wahrscheinlichkeitsstromdichte ist.

In rechtwinkligen kartesischen Koordinaten (Beispiel 8) ist Gleichung (26) einfach ein Ausdruck der Form

$$\nabla \cdot \boldsymbol{F} = \left(\boldsymbol{i}\frac{\partial}{\partial x} + \boldsymbol{j}\frac{\partial}{\partial y} + \boldsymbol{k}\frac{\partial}{\partial z}\right) \cdot (F_x \boldsymbol{i} + F_y \boldsymbol{j} + F_z \boldsymbol{k}). \tag{27}$$

Wir definieren die *Divergenz* eines Vektorfeldes $\boldsymbol{F}$ durch die Beziehung

$$\operatorname{div} \boldsymbol{F} = \nabla \cdot \boldsymbol{F}, \tag{28}$$

vorausgesetzt, daß $\boldsymbol{F}$ so beschaffen ist, daß die rechte Seite existiert. Wir werden, solange keine explizite Feststellung vom Gegenteil gemacht wird, annehmen, daß die diskutierten Vektorfelder so beschaffen sind, daß $\nabla \boldsymbol{F}$ existiert.

Während wir die expliziten Formen für ∇, die in Gleichung (23) zusammengefaßt wurden, benutzen können, um div $\boldsymbol{F}$ in einem gegebenen System von orthogonalen krummlinigen Koordinaten auszuwerten, werden wir in den Übungen 9, Aufgabe 1, sehen, daß div $\boldsymbol{F}$ unabhängig von dem gewählten Koordinatensystem ist.

Beispiel 12. Zeige, daß (1) $\nabla \cdot \boldsymbol{k} = 0$, wobei $\boldsymbol{k}$ ein konstanter Vektor ist, und (2) zeige, daß $\nabla \cdot \boldsymbol{r} = 3$ ist.

Diese Ergebnisse folgen unmittelbar aus Gleichung (27). In dem Fall (1) sind F_x, F_y, F_z Konstanten, während in dem Fall (2) $F_x = x$, $F_y = y$, $F_z = z$ ist.

Beispiel 13. Wenn $\boldsymbol{F}$ und $\boldsymbol{G}$ Vektorfelder sind, dann zeige, daß

$$\nabla \cdot (\boldsymbol{F} + \boldsymbol{G}) = \nabla \cdot \boldsymbol{F} + \nabla \cdot \boldsymbol{G}$$

gilt.

Wenn

$$\boldsymbol{F} = F_x \boldsymbol{i} + F_y \boldsymbol{j} + F_z \boldsymbol{k}, \quad \boldsymbol{G} = G_x \boldsymbol{i} + G_y \boldsymbol{j} + G_z \boldsymbol{k}$$

ist, dann gilt

$$\begin{aligned}\nabla \cdot (\boldsymbol{F} + \boldsymbol{G}) &= \frac{\partial}{\partial x}(F_x + G_x) + \frac{\partial}{\partial y}(F_y + G_y) \\ &\quad + \frac{\partial}{\partial z}(F_z + G_z) = \left(\frac{\partial F_x}{\partial x} + \frac{\partial F_y}{\partial y} + \frac{\partial F_z}{\partial z}\right) \\ &\quad + \left(\frac{\partial G_x}{\partial x} + \frac{\partial G_y}{\partial y} + \frac{\partial G_z}{\partial z}\right) = \nabla \cdot \boldsymbol{F} + \nabla \cdot \boldsymbol{G}.\end{aligned}$$

Andere Beweise für dieses Ergebnis findet man in den Übungen 8, Aufgabe 20, und in den Übungen 9, Aufgabe 2.

Es ist oft zweckmäßig, mit dem Vektorfeld $\boldsymbol{F}$ den skalaren Differentialoperator $\boldsymbol{F} \cdot$ grad zu verknüpfen, der durch die Beziehung

$$\boldsymbol{F} \cdot \text{grad} = \boldsymbol{F} \cdot \nabla \tag{29}$$

definiert wird.

In rechtwinkligen kartesischen Koordinaten ist dieser Operator einfach

$$F_x \frac{\partial}{\partial x} + F_y \frac{\partial}{\partial y} + F_z \frac{\partial}{\partial z} \tag{30}$$

mit

$$\boldsymbol{F} = F_x \boldsymbol{i} + F_y \boldsymbol{j} + F_z \boldsymbol{k}.$$

Beispiel 14. Wenn f ein Skalar- und $\boldsymbol{G}$ ein Vektorfeld ist, dann zeige, daß

$$\nabla \cdot (f\boldsymbol{G}) = f\nabla \cdot \boldsymbol{G} + \boldsymbol{G} \cdot \nabla f$$

gilt.

In zweckmäßiger Schreibweise haben wir

$$\begin{aligned}
\nabla \cdot (f\boldsymbol{G}) &= \frac{\partial}{\partial x}(fG_x) + \frac{\partial}{\partial y}(fG_y) + \frac{\partial}{\partial z}(fG_z) \\
&= f\left(\frac{\partial G_x}{\partial x} + \frac{\partial G_y}{\partial y} + \frac{\partial G_z}{\partial z}\right) \\
&\quad + \left(G_x \frac{df}{\partial x} + G_y \frac{\partial f}{\partial y} + G_z \frac{\partial f}{\partial z}\right) \\
&= f\nabla \cdot \boldsymbol{G} + \boldsymbol{G} \cdot \nabla f.
\end{aligned}$$

Dieses Ergebnis ist eine einfache Ausdehnung der wohlbekannten „Produktregel" aus der gewöhnlichen Differentialrechnung.

Andere Beweise für dieses Ergebnis können nach den Richtlinien durchgeführt werden, die in den Übungen 8, Aufgabe 20, und in Übungen 9, Aufgabe 2, erläutert werden.

Beispiel 15. Zeige, daß für ein Vektorfeld $\boldsymbol{F}$

$$\boldsymbol{F} \cdot \nabla \boldsymbol{r} = \boldsymbol{F}$$ [1]

gilt.

---

[1]) Die Form $\nabla \boldsymbol{r}$ hat hier keine direkte Bedeutung.

In üblicher Schreibweise gilt

$$\boldsymbol{F} \cdot \nabla \boldsymbol{r} = \left(F_x \frac{\partial}{\partial x} + F_y \frac{\partial}{\partial y} + F_z \frac{\partial}{\partial z}\right)(x\boldsymbol{i} + y\boldsymbol{j} + z\boldsymbol{k})$$
$$= F_x \boldsymbol{i} + F_y \boldsymbol{j} + F_z \boldsymbol{k}$$
$$= \boldsymbol{F}.$$

8.4. Rotation eines Vektorfeldes

Wie wir in Kapitel 9 sehen werden, trifft man in der Physik häufig Bedingungen der Form

$$\frac{\partial F_x}{\partial y} - \frac{\partial F_y}{\partial x} = \frac{\partial F_y}{\partial z} - \frac{\partial F_z}{\partial y} = \frac{\partial F_z}{\partial x} - \frac{\partial F_x}{\partial z} = 0, \quad (31)$$

wobei

$$\boldsymbol{F} = F_x \boldsymbol{i} + F_y \boldsymbol{j} + F_z \boldsymbol{k}$$

ist. Es ist klar, daß die Bedingungen (31) in der Form

$$\boldsymbol{i}\left(\frac{\partial F_z}{\partial y} - \frac{\partial F_y}{\partial z}\right) + \boldsymbol{j}\left(\frac{\partial F_z}{\partial z} - \frac{\partial F_z}{\partial x}\right)$$
$$+ \boldsymbol{k}\left(\frac{\partial F_y}{\partial x} - \frac{\partial F_x}{\partial y}\right) = 0,$$

d. h.

$$\nabla \times \boldsymbol{F} = \boldsymbol{0}, \quad (32)$$

geschrieben werden können.

Wir definieren die *Rotation* eines Vektorfeldes $\boldsymbol{F}$ durch die Gleichung

$$\operatorname{rot} \boldsymbol{F} = \nabla \times \boldsymbol{F}, \quad (33)$$

vorausgesetzt, daß das Vektorfeld $\boldsymbol{F}$ so beschaffen ist, daß die rechte Seite existiert. Wir nehmen, solange nicht das Gegenteil explizit festgestellt wird, an, daß die behandelten Vektorfelder $\boldsymbol{F}$ die Form haben, daß $\nabla \times \boldsymbol{F}$ existiert.

Wir können die in Gleichung (23) zusammengefaßte Form von ∇ benutzen, um rot $\boldsymbol{F}$ in einem gegebenen System von orthogonalen krummlinigen Koordinaten zu berechnen, in den Übungen 9, Aufgabe 1, wird aber gezeigt werden, daß rot $\boldsymbol{F}$ unabhängig von dem gewählten Koordinatensystem ist.

Beispiel 16. Zeige, daß $\nabla \times \boldsymbol{k} = 0$ gilt, wobei $\boldsymbol{k}$ ein konstanter Vektor ist.

Das Ergebnis folgt unmittelbar, wenn man mit ∇ in der Form (23) arbeitet.

Beispiel 17. Zeige, daß

$$\nabla \times \boldsymbol{r} = \boldsymbol{0}$$

gilt.

In der üblichen Schreibweise ist

$$\nabla \times \boldsymbol{r} = \left(\frac{\partial z}{\partial y} - \frac{\partial y}{\partial z}\right)\boldsymbol{i} + \left(\frac{\partial x}{\partial z} - \frac{\partial z}{\partial x}\right)\boldsymbol{j} + \left(\frac{\partial y}{\partial z} - \frac{\partial x}{\partial y}\right)\boldsymbol{k}$$
$$= \boldsymbol{0}.$$

Beispiel 18. Zeige, daß für die Vektorfelder $\boldsymbol{F}$ und $\boldsymbol{G}$

$$\nabla \times (\boldsymbol{F} + \boldsymbol{G}) = \nabla \times \boldsymbol{F} + \nabla \times \boldsymbol{G}$$

gilt.

Das Ergebnis kann man mit den gleichen Methoden erhalten, die in Beispiel 13 benutzt wurden.

Beispiel 19. Zeige, daß für die Vektorfelder $\boldsymbol{F}$ und $\boldsymbol{G}$

$$\nabla \cdot (\boldsymbol{F} \cdot \boldsymbol{G}) = \boldsymbol{G} \cdot \nabla \times \boldsymbol{F} - \boldsymbol{F} \cdot \nabla \times \boldsymbol{G}$$

ist.

In der üblichen Schreibweise erhält man

$$\nabla \cdot (\boldsymbol{F} \times \boldsymbol{G}) = \frac{\partial}{\partial x}(F_y G_z - F_z G_y) + \text{ähnliche Glieder}$$
$$= G_x \left(\frac{\partial F_z}{\partial y} - \frac{\partial F_y}{\partial z}\right) - F_x \left(\frac{\partial G_z}{\partial y} - \frac{\partial G_y}{\partial z}\right)$$
$$+ \text{ähnliche Glieder}$$
$$= \boldsymbol{G} \cdot \nabla \times \boldsymbol{F} - \boldsymbol{F} \cdot \nabla \times \boldsymbol{G}.$$

Dieses Ergebnis ist eine logische Erweiterung der „Produktregel" der elementaren Differentialrechnung. Jetzt spielt aber der Vektorcharakter von ∇ eine wichtigere Rolle als in den Beispielen 4 und 14, und sehr wahrscheinlich ist die Behauptung des letzten Satzes nicht unmittelbar einleuchtend. Wir wollen folgende Schreibweise verwenden: Ein Index 0 bedeutet, daß ein Faktor nicht differenziert wird, obwohl er rechts von einem Differentialoperator steht. Wenn die „Produktregel" der gewöhnlichen Differentialrechnung so verallgemeinert wird, daß sie die Vektorrechnung mit umschließt, erwartet man, daß sich

$$\nabla \cdot (\boldsymbol{F} \times \boldsymbol{G}) = \nabla \cdot (\boldsymbol{F}_0 \times \boldsymbol{G}) + \nabla \cdot (\boldsymbol{F} \times \boldsymbol{G}_0)$$

ergibt. Permutieren wir nun die Faktoren nach den Regeln der Vektoralgebra und beachten dabei, daß Größen, die wirklich differenziert werden, rechts von dem Differentialoperator stehenbleiben, dann haben wir

$$\nabla \cdot (\boldsymbol{F} \times \boldsymbol{G}) = -\boldsymbol{F}_0 \cdot \nabla \times \boldsymbol{G} + \boldsymbol{G}_0 \cdot \nabla \times \boldsymbol{F}.$$

Da nun die Faktoren $\boldsymbol{F}_0$ und $\boldsymbol{G}_0$ links von den Differentialoperatoren liegen, werden die Indizes überflüssig, und wir erhalten das obige Ergebnis, nämlich

$$\nabla \cdot (\boldsymbol{F} \times \boldsymbol{G}) = \boldsymbol{G} \cdot \nabla \times \boldsymbol{F} + \boldsymbol{F} \cdot \nabla \times \boldsymbol{G}.$$

Wenn wir in der Praxis mit dem vektoriellen Differentialoperator ∇ manipulieren, ohne die seinen Vektor- oder seinen Differentialcharakter bestimmenden Regeln zu verletzen, erhalten wir die richtigen Ergebnisse.

Beispiel 20. Zeige, daß für die Vektorfelder $\boldsymbol{F}$ und

$$\nabla \boldsymbol{F} \cdot \boldsymbol{G} = \boldsymbol{F} \cdot \nabla \boldsymbol{G} + \boldsymbol{G} \cdot \nabla \boldsymbol{F} + \boldsymbol{F} \times (\nabla \times \boldsymbol{G}) \\ + \boldsymbol{G} \times (\nabla \times \boldsymbol{F})$$

gilt.

Die in Beispiel 19 benutzte Methode, die linke Seite nach rechtwinkligen kartesischen Koordinaten zu entwickeln, kann benutzt werden, um das gewünschte Ergebnis abzuleiten. Die Rechnungen werden dem Leser als Übung überlassen.

Wir beweisen nun, daß das behauptete Ergebnis wirklich eine natürliche Verallgemeinerung der „Produktregel" der gewöhnlichen Differentialrechnung ist. Wir wollen in der Weise vorgehen, die gegen Ende von Beispiel 19 angedeutet wurde und bei der darauf geachtet wird, daß in den Rechnungen immer der Vektor- und der Differentialcharakter von ∇ erhalten bleiben.

Wir müssen mit

$$\nabla \boldsymbol{F} \cdot \boldsymbol{G} = \nabla \boldsymbol{F}_0 \cdot \boldsymbol{G} + \nabla \boldsymbol{F} \cdot \boldsymbol{G}_0$$

beginnen.

Wenn wir uns der algebraischen Regeln für Vektorprodukte erinnern, können wir schreiben

$$\boldsymbol{F} \times (\nabla + \boldsymbol{G}) = \nabla \boldsymbol{F}_0 \cdot \boldsymbol{G} - \boldsymbol{F} \cdot \nabla \boldsymbol{G}$$

und

$$\boldsymbol{G} \times (\nabla \times \boldsymbol{F}) = \nabla \boldsymbol{G}_0 \cdot \boldsymbol{F} - \boldsymbol{G} \cdot \nabla \boldsymbol{F},$$

so daß

$$\nabla \boldsymbol{F} \cdot \boldsymbol{G} = \boldsymbol{F} \cdot \nabla \boldsymbol{G} + \boldsymbol{G} \cdot \nabla \boldsymbol{F} + \boldsymbol{F} \times (\nabla \times \boldsymbol{G}) + \boldsymbol{G} \times (\nabla \times \boldsymbol{F}) \tag{34}$$

ist.

Beispiel 21. Schreibe die Größen

$$(1)\ \nabla \boldsymbol{r} \cdot \boldsymbol{F}_0, \qquad (2)\ \nabla \boldsymbol{r} \cdot \boldsymbol{F}$$

in einfacher Form, wobei $\boldsymbol{F}$ ein Vektorfeld ist.

(1) Wenn wir Gleichung (34) benutzen, erhalten wir

$$\begin{aligned} \nabla \boldsymbol{r} \cdot \boldsymbol{F}_0 &= \boldsymbol{F} \cdot \nabla \boldsymbol{r} + \boldsymbol{F} \times (\nabla \times \boldsymbol{r}) \\ &= \boldsymbol{F} + 0 \\ &= \boldsymbol{F}. \end{aligned}$$

Dabei haben wir die Ergebnisse von Beispiel 15 und 17 benutzt.

(2) In ähnlicher Weise erhalten wir

$$\nabla \boldsymbol{r} \cdot \boldsymbol{F} = \boldsymbol{r} \cdot \nabla \boldsymbol{F} + \boldsymbol{F} \cdot \nabla \boldsymbol{r} + \boldsymbol{r} \times (\nabla \times \boldsymbol{F}) + \boldsymbol{F} \times (\nabla \times \boldsymbol{r})$$
$$= \boldsymbol{r} \cdot \nabla \boldsymbol{F} + \boldsymbol{F} + \boldsymbol{r} \times (\nabla \times \boldsymbol{F}) + 0$$
$$= \boldsymbol{F} + \boldsymbol{r} \cdot \nabla \boldsymbol{F} + \boldsymbol{r} \times (\nabla \times \boldsymbol{F}).$$

Beispiel 22. Der Differentialoperator zweiter Ordnung ∇^2, der LAPLACE-*Operator*, wird für einen beliebigen Skalar f definiert durch die Gleichung

$$\nabla^2 f = \nabla \cdot (\nabla f).$$

Wir setzen die Existenz der entsprechenden zweiten Ableitungen voraus. Zeige, daß

$$\nabla^2 \equiv \nabla \cdot \nabla$$

ist.

Zuerst wollen wir $\nabla^2 f$ auswerten. Wir erhalten

$$\nabla^2 f = \nabla \cdot (\nabla f)$$
$$= \nabla \cdot \left(\boldsymbol{i} \frac{\partial f}{\partial x} + \boldsymbol{j} \frac{\partial f}{\partial y} + \boldsymbol{k} \frac{\partial f}{\partial z} \right)$$
$$= \frac{\partial^2 f}{\partial x^2} + \frac{\partial^2 f}{\partial y^2} + \frac{\partial^2 f}{\partial z^2}.$$

Offenbar gilt aber

$$\nabla \cdot \nabla = \frac{\partial^2}{\partial x^2} + \frac{\partial^2}{\partial y^2} + \frac{\partial^2}{\partial z^2},$$

so daß

$$(\nabla \cdot \nabla) f = \nabla \cdot (\nabla f) = \nabla^2 f$$

ist.

Beispiel 23. Zeige, daß unter geeigneten Voraussetzungen für das Skalarfeld f

$$\nabla \times (\nabla f) = 0$$

ist.

Wenn wir zum Beispiel die x-Komponente der linken Seite nehmen, erhalten wir

$$\frac{\partial}{\partial y}\left(\frac{\partial f}{\partial z}\right) - \frac{\partial}{\partial z}\left(\frac{\partial f}{\partial y}\right) = 0,$$

vorausgesetzt, daß f so beschaffen ist, daß die verschiedenen Ableitungen existieren und daß

$$\frac{\partial^2 f}{\partial y\,\partial z} = \frac{\partial^2 f}{\partial z\,\partial y}$$

gilt.

Beispiel 24. Zeige, daß für ein geeignetes Vektorfeld $\boldsymbol{F}$

$$\nabla \times (\nabla \times \boldsymbol{F}) = \nabla(\nabla \cdot \boldsymbol{F}) - \nabla^2 \boldsymbol{F}$$

ist mit

$$\nabla^2 \boldsymbol{F} = \nabla^2 F_x \boldsymbol{i} + \nabla^2 F_y \boldsymbol{j} + {}^2\nabla F_z \boldsymbol{k}$$

und

$$\boldsymbol{F} = F_x \boldsymbol{i} + F_y \boldsymbol{j} + F_z \boldsymbol{k}.$$

Wenn wir die Komponente von $\nabla \times (\nabla \times \boldsymbol{F})$ in Richtung des Einheitsvektors $\boldsymbol{i}$ bilden, erhalten wir

$$\frac{\partial}{\partial y}(\nabla \times \boldsymbol{F})_z - \frac{\partial}{\partial z}(\nabla \times \boldsymbol{F})_y$$

$$= \frac{\partial}{\partial y}\left(\frac{\partial F_y}{\partial x} - \frac{\partial F_x}{\partial y}\right) - \frac{\partial}{\partial z}\left(\frac{\partial F_x}{\partial z} - \frac{\partial F_z}{\partial x}\right)$$

$$= \frac{\partial}{\partial y}\left(\frac{\partial F_y}{\partial x}\right) + \frac{\partial}{\partial z}\left(\frac{\partial F_z}{\partial x}\right) - \left(\frac{\partial^2}{\partial y^2} + \frac{\partial^2}{\partial z^2}\right) F_z$$

$$= \frac{\partial}{\partial x}\left(\frac{\partial F_x}{\partial x}\right) + \frac{\partial}{\partial y}\left(\frac{\partial F_y}{\partial x}\right) + \frac{\partial}{\partial z}\left(\frac{\partial F_z}{\partial x}\right)$$

$$- \left(\frac{\partial^2}{\partial x^2} + \frac{\partial^2}{\partial y^2} + \frac{\partial^2}{\partial z^2}\right) F_x$$

$$= \frac{\partial}{\partial x}\left(\frac{\partial F_x}{\partial x} + \frac{\partial F_y}{\partial y} + \frac{\partial F_x}{\partial z}\right) - \left(\frac{\partial^2}{\partial x^2} + \frac{\partial^2}{\partial y^2} + \frac{\partial^2}{\partial z^2}\right) F_x$$

$$= \{\nabla(\nabla \cdot \boldsymbol{F}) - \nabla^2 \boldsymbol{F}\}_x.$$

Ein anderer Beweis für dieses Ergebnis wird in Beispiel 26 gegeben.

8.5. *Indexschreibweise*[1])

Die logischen Schwierigkeiten und die Schwierigkeiten in der Schreibweise, die mit dem dualen Charakter des vektoriellen Differentialoperators ∇ zusammenhängen (und die zu der Einführung von Indizes zwangen, um die durch solche Operatoren undifferenzierten Faktoren links von ihnen zu kennzeichnen), können vermieden werden, wenn man die Indexschreibweise und die Summenkonvention benutzt. Wenn wir ein festes Rechtssystem von gegenseitig orthogonalen Einheitsvektoren $\boldsymbol{u}_i$ $(i = 1, 2, 3)$ benutzen, mit dessen Hilfe der Ortsvektor als $\boldsymbol{r} = r_i \boldsymbol{u}_i$ geschrieben werden kann, dann hat der Gradientenoperator die Komponentenvektoren

$$\boldsymbol{u}_1 \frac{\partial}{\partial r_1}, \quad \boldsymbol{u}_2 \frac{\partial}{\partial r_2}, \quad \boldsymbol{u}_3 \frac{\partial}{\partial r_3}, \tag{35}$$

und wir können schreiben

$$\nabla = \boldsymbol{u}_i \partial_i, \tag{36}$$

wobei

$$\partial_i = \frac{\partial}{\partial r_i} \tag{37}$$

ist und doppelt auftretende Indizes eine Summation über die Werte 1, 2, 3 anzeigen. Wir können also für Skalarfelder f und Vektorfelder $\boldsymbol{F}$ schreiben

$$(\nabla f)_i = \partial_i f, \tag{38}$$

$$\nabla \cdot \boldsymbol{F} = \partial_i F_i, \tag{39}$$

$$(\nabla \times \boldsymbol{F})_i = \varepsilon_{ijk} \partial_j F_k. \tag{40}$$

---

[1]) Dieser Abschnitt kann beim ersten Lesen übersprungen werden.

Beispiel 25. Benutze die Indexschreibweise und die Summenkonvention, um die Beweise für die Ergebnisse

$$\nabla \cdot \boldsymbol{r} = 3, \quad \nabla \times \boldsymbol{r} = \mathbf{0}$$

ausführlich aufzuschreiben.

Wir haben in einer übersichtlichen Schreibweise

$$\begin{aligned} \nabla \cdot \boldsymbol{r} &= \partial_i r_i \\ &= \delta_{ii} \\ &= 3 \end{aligned}$$

und

$$\begin{aligned} (\nabla \times \boldsymbol{r})_i &= \varepsilon_{ijk}\,\partial_j r_k \\ &= \varepsilon_{ijk}\delta_{jk} \\ &= \varepsilon_{ijj} \\ &= 0\,. \end{aligned}$$

Beispiel 26. Wiederhole Beispiel 24 unter Benutzung der Indexschreibweise.

$$\begin{aligned} \{\nabla \times (\nabla \times \boldsymbol{F})\}_i &= \varepsilon_{ijk}\,\partial_i\,(\nabla \times \boldsymbol{F})_k \\ &= \varepsilon_{ijk}\,\partial_j\,\varepsilon_{klm}\,\partial_l \boldsymbol{F}_m \\ &= \varepsilon_{ijk}\,\varepsilon_{lmk}\,\partial_i\,\partial_l \boldsymbol{F}_m \\ &= (\delta_{il}\delta_{jm} - \delta_{im}\delta_{jl})\,\partial_j\,\partial_l \boldsymbol{F}_m \\ &= \partial_j\,\partial_i \boldsymbol{F}_j - \partial_j\,\partial_j \boldsymbol{F}_i \\ &= \partial_i(\partial_j \boldsymbol{F}_j) - (\partial_j\,\partial_j)\boldsymbol{F}_i \\ &= (\nabla\nabla \cdot \boldsymbol{F} - \nabla^2 \boldsymbol{F})_i\,. \end{aligned}$$

Beispiel 27. Zeige, daß

$$\nabla^2 |\boldsymbol{a} \times \boldsymbol{r}|^2 = 4a^2$$

für einen konstanten Vektor $\boldsymbol{a}$ gilt.

$$
\begin{aligned}
\nabla^2 |\boldsymbol{a} \times \boldsymbol{r}|^2 &= \partial_i \partial_i (\boldsymbol{a} \times \boldsymbol{r})_j (\boldsymbol{a} \times \boldsymbol{r})_j \\
&= \partial_i \partial_i \varepsilon_{jkl} a_k r_l \varepsilon_{jmn} a_m r_n \\
&= (\delta_{km}\delta_{ln} - \delta_{kn}\delta_{lm}) a_k a_m \partial_i \partial_i r_l r_n \\
&= a_k a_k \partial_i \partial_i r_l r_l - a_k a_l \partial_i \partial_i r_l r_n \\
&= a_k a_k \partial_i (\delta_{il} r_i + r_l \delta_{il}) - a_k a_l \partial_i (\delta_{il} r_k + r_l \delta_{ik}) \\
&= 2 (a_k a_k \partial_i r_i - a_k a_i \partial_i r_k) \\
&= 2 (a_k a_k \delta_{ii} - a_k a_i \delta_{ik}) \\
&= 2 (3 a_k a_k - a_k a_k) \\
&= 4 \boldsymbol{a} \cdot \boldsymbol{a} .
\end{aligned}
$$

Übungen 8

1. Benutze das Ergebnis

$$\frac{\partial f}{\partial s} = \frac{\partial f}{\partial x}\frac{dx}{ds} + \frac{\partial f}{\partial y}\frac{dy}{ds} + \frac{\partial f}{\partial z}\frac{dz}{ds},$$

um zu zeigen, daß die Richtungsableitung des Skalarfeldes $|\boldsymbol{r}|^2$ an dem Punkt (1, 1, 1) in Richtung des Vektors $\boldsymbol{i} + 2\boldsymbol{j} + 3\boldsymbol{k}$ gleich $6\sqrt{14}/7$ ist.

2. Beweise das Ergebnis der Aufgabe 1 unter Benutzung von Gleichung (10).

3. Zeige, von den Grundprinzipien ausgehend (Beispiel 6), daß

$$\nabla r^3 = 3 r \boldsymbol{r}$$

gilt.

4. Zeige, daß

(1) $$\nabla (\boldsymbol{a} \cdot \boldsymbol{r}) = \boldsymbol{a},$$

(2) $$\nabla |\boldsymbol{a} \times \boldsymbol{r}| = \boldsymbol{a} \times (\boldsymbol{r} \times \boldsymbol{a}) \,/\, |\boldsymbol{a} \times \boldsymbol{r}|,$$

wobei $\boldsymbol{a}$ ein konstanter Vektor ist.

5. Wenn $f(a, b, c, \ldots)$ eine eindeutige skalare Funktion der Skalarfelder $a, b, c, \ldots$ ist, dann zeige, daß

$$\nabla f = \frac{\partial f}{\partial a} \nabla a + \frac{\partial f}{\partial b} \nabla b + \frac{\partial f}{\partial c} \nabla c + \cdots$$

gilt.

6. Zeige, daß

$$\nabla \{(\boldsymbol{a} \cdot \boldsymbol{r})(\boldsymbol{b} \cdot \boldsymbol{r})(\boldsymbol{c} \cdot \boldsymbol{r})\} = (\boldsymbol{b} \cdot \boldsymbol{r})(\boldsymbol{c} \cdot \boldsymbol{r})\boldsymbol{a} + (\boldsymbol{c} \cdot \boldsymbol{r})(\boldsymbol{a} \cdot \boldsymbol{r})\boldsymbol{b} + (\boldsymbol{a} \cdot \boldsymbol{r})(\boldsymbol{b} \cdot \boldsymbol{r})\boldsymbol{c}$$

ist, wobei $\boldsymbol{a}, \boldsymbol{b}, \boldsymbol{c}$ konstante Vektoren sind.

7. Wenn f und g skalare Felder sind, dann zeige, daß

$$\nabla \left(\frac{f}{g}\right) = \frac{g \nabla f - f \nabla g}{g^2}$$

gilt, vorausgesetzt, daß $g \neq 0$ ist.

8. Zeige daß

$$\nabla \left(\frac{x}{y}\right) = \frac{\boldsymbol{r} \times \boldsymbol{k}}{y^2}, \quad y \neq 0,$$

ist mit

$$\boldsymbol{r} = x\boldsymbol{i} + y\boldsymbol{j} + z\boldsymbol{k}.$$

9. Zeige, daß der Gradientenoperator in *Zylinderkoordinaten* (r, θ, ζ)

$$\boldsymbol{u}_1 \frac{\partial}{\partial r} + \boldsymbol{u}_2 \frac{1}{r} \frac{\partial}{\partial \theta} + \boldsymbol{u}_3 \frac{\partial}{\partial \zeta}$$

lautet mit

$$x = r \cos \theta, \quad y = r \sin \theta, \quad \zeta = z$$

und

$$\boldsymbol{u}_1 = \cos \theta \boldsymbol{i} + \sin \theta \boldsymbol{j}, \quad \boldsymbol{u}_2 = -\sin \theta \boldsymbol{i} + \cos \theta \boldsymbol{j}, \quad \boldsymbol{u}_3 = \boldsymbol{k}.$$

10. Leite Ausdrücke für den Gradientenoperator in den folgenden Koordinatensystemen ab:

(1) *parabolische Zylinderkoordinaten* (ξ, η, ζ) mit

$$x = \tfrac{1}{2}(\xi^2 - \eta^2), \quad y = \xi\eta, \quad z = \zeta,$$

(2) *elliptische Zylinderkoordinaten* (ξ, η, ζ) mit

$$x = \cosh\xi \cos\eta, \quad y = \sinh\xi \sin\eta, \quad z = \zeta.$$

(*Antwort*: (1) $h_1 = h_2 = \sqrt{(\xi^2 + \eta^2)}, h_3 = 1$

(2) $h_1 = h_2 = \sqrt{(\sinh^2\xi + \sin^2\eta)}, h_3 = 1$;

siehe Gleichung (23) und Beispiele 8, 9).

11. *Bipolare Koordinaten* (q_1, q_2, q_3) werden durch die Gleichungen

$$x^2 + (y - a\cot q_1)^2 = a^2 \operatorname{cosec}^2 q_1,$$
$$(x - a\coth q_2)^2 + y^2 = a^2 \operatorname{cosech}^2 q_2,$$
$$z = q_3$$

definiert, dabei ist a eine Konstante. Zeige, daß

$$h_1 = h_2 = a(\cosh q_2 - \cos q_1)^{-1}, \quad h_3 = 1$$

gilt.

12. Die krummlinigen Koordinaten (q_1, q_2, q_3) definieren den Ortsvektor $\boldsymbol{r}$ eines Punktes P im Raum. Zeige, daß

$$\nabla q_1 = \frac{\boldsymbol{h}_2 \times \boldsymbol{h}_3}{\boldsymbol{h}_1 \cdot (\boldsymbol{h}_2 \times \boldsymbol{h}_3)}$$

gilt mit

$$\boldsymbol{h}_i = \frac{\partial \boldsymbol{r}}{\partial q_i}, \quad i = 1, 2, 3.$$

Schreibe ähnliche Ausdrücke für ∇q_2 und ∇q_3 auf.

Beweise, daß

$$[\boldsymbol{h}_1 \cdot (\boldsymbol{h}_2 \times \boldsymbol{h}_3)]\,[(\nabla q_1) \cdot \{(\nabla q_2) \times (\nabla q_3)\}] = 1$$

gilt.

13. Zeige, daß für geeignete Skalarfelder f

$$f(\boldsymbol{r} + \delta\boldsymbol{r}) - f(\boldsymbol{r}) = \delta\boldsymbol{r} \cdot \nabla f + O(|\delta\boldsymbol{r}|^2)$$

gilt.
(*Hinweis*: Verwende den TAYLORschen Satz für Funktionen einer reellen Variablen.)

14. Zeige, daß für Skalarfelder f und Vektorfelder $\boldsymbol{G}$

$$\nabla \times (f\boldsymbol{G}) = f\nabla \times \boldsymbol{G} - \boldsymbol{G} \times \nabla f$$

gilt.

15. Zeige, daß

$$\nabla^2\left(\frac{1}{r}\right) = 0, \quad r \neq 0,$$

ist.

16. Zeige, daß

$$\nabla \times \left\{\boldsymbol{c} \times \nabla\left(\frac{1}{r}\right)\right\} + \nabla\left\{\boldsymbol{c} \cdot \nabla\left(\frac{1}{r}\right)\right\} = 0, \quad r \neq 0,$$

wobei $\boldsymbol{c}$ ein konstanter Vektor ist.

17. Zeige, daß

$$\nabla^2\{(\boldsymbol{a} \times \boldsymbol{r}) \cdot (\boldsymbol{b} \times \boldsymbol{r})\} = 4\boldsymbol{a} \cdot \boldsymbol{b}$$

ist. Dabei sind $\boldsymbol{a}$ und $\boldsymbol{b}$ konstante Vektoren.

18. Ein Vektorfeld $\boldsymbol{F}$, das

$$\boldsymbol{F} \times (\nabla \times \boldsymbol{F}) = 0, \quad \nabla \times \boldsymbol{F} \neq 0$$

erfüllt, wird BELTRAMI-*Feld* genannt.

Wenn ein Skalarfeld f dergestalt existiert, daß

$$\nabla \times \boldsymbol{F} = f\boldsymbol{F}$$

ist, dann zeige, daß $\boldsymbol{F}$ ein BELTRAMI-Feld ist.
Wenn f eine Konstante ist, dann zeige, daß

$$\nabla^2\boldsymbol{F} + f^2\boldsymbol{F} = 0$$

ist.

19. Zeige, daß für die Vektorfelder $\boldsymbol{F}$ und $\boldsymbol{G}$

$$\nabla \times (\boldsymbol{F} \times \boldsymbol{G}) = \boldsymbol{G} \cdot \nabla\boldsymbol{F} - \boldsymbol{F} \cdot \nabla\boldsymbol{G} + \boldsymbol{F}(\nabla \cdot \boldsymbol{G}) - \boldsymbol{G}(\nabla \cdot \boldsymbol{F})$$

gilt.

20. Benutze die Indexschreibweise und die Summenkonvention, um folgende Ergebnisse abzuleiten:

(1) $\nabla k = 0,$

wobei k ein konstanter Skalar ist.

(2) $\nabla \cdot \boldsymbol{k} = 0, \quad \nabla \times \boldsymbol{k} = \boldsymbol{0},$

wobei $\boldsymbol{k}$ ein konstanter Vektor ist.

(3) $\nabla(f + g) = \nabla f + \nabla g,$

$\nabla(fg) = f(\nabla g) + g(\nabla f),$

$\nabla(\boldsymbol{F} \cdot \boldsymbol{G}) = \boldsymbol{F} \cdot \nabla\boldsymbol{G} + \boldsymbol{G} \cdot \nabla\boldsymbol{F} + \boldsymbol{F} \times (\nabla \times \boldsymbol{G}) + \boldsymbol{G} \times (\nabla \times \boldsymbol{F}),$

wobei f, g skalare Felder und $\boldsymbol{F}$, $\boldsymbol{G}$ Vektorfelder sind.

(4) $\nabla \cdot (\boldsymbol{F} + \boldsymbol{G}) = \nabla \cdot \boldsymbol{F} + \nabla \cdot \boldsymbol{G},$

$\nabla \cdot (f\boldsymbol{G}) = f\nabla \cdot \boldsymbol{G} + \boldsymbol{G} \cdot \nabla f,$

$\nabla \cdot (\boldsymbol{F} \times \boldsymbol{G}) = \boldsymbol{G} \cdot (\nabla \times \boldsymbol{F}) - \boldsymbol{F} \cdot \nabla \times \boldsymbol{G},$

wobei die Symbole wie in (3) definiert werden.

$$\begin{aligned}(5)\qquad \nabla \times (\boldsymbol{F} + \boldsymbol{G}) &= \nabla \times \boldsymbol{F} + \nabla \times \boldsymbol{G},\\ \nabla \times (f\boldsymbol{G}) &= f(\nabla \times \boldsymbol{G}) - \boldsymbol{G} \times \nabla f,\\ \nabla \times (\boldsymbol{F} \times \boldsymbol{G}) &= \boldsymbol{G}\cdot\nabla \boldsymbol{F} - \boldsymbol{F}\cdot\nabla \boldsymbol{G} + \boldsymbol{F}(\nabla\cdot\boldsymbol{G})\\ &\quad - \boldsymbol{G}(\nabla\cdot\boldsymbol{F}),\end{aligned}$$

wobei die Symbole wie in (3) definiert werden.

21. Benutze die Indexschreibweise, um zu zeigen, daß

$$\nabla \times (\nabla f) = 0,$$
$$\nabla \cdot (\nabla \times \boldsymbol{F}) = 0$$

für entsprechende Felder f und $\boldsymbol{F}$ ist.

22. Wenn in der Schreibweise von 3.2.

$$\partial_i = a_{ij}\,\partial_j',$$
$$\boldsymbol{F}_i = a_{ij}\boldsymbol{F}_j'$$

ist, dann zeige, daß

$$(\nabla \times \boldsymbol{F})_i = a_{ij}(\nabla \times \boldsymbol{F})_j'$$

gilt.

9. Integration

9.1. Kurvenintegrale

Wir wollen annehmen, daß wir im dreidimensionalen Raum eine Kurve γ haben, die den Punkt A, dessen Ortsvektor bezüglich eines festen Ursprungs O gleich $\boldsymbol{a}$ ist, mit dem Punkt B verbindet, dessen Ortsvektor $\boldsymbol{b}$ ist. Wir nehmen häufig an, daß der Ortsvektor $\boldsymbol{r}$ eines allgemeinen Punktes P auf γ mit Hilfe eines reellen Parameters t durch eine Vektorgleichung

$$\boldsymbol{r} = \boldsymbol{r}(t) \tag{1}$$

bestimmt ist und daß, wenn t von t_a nach t_b geht, der Punkt P sich entlang der Kurve γ bewegt $\left(\boldsymbol{r}(t_a) = \boldsymbol{a}, \boldsymbol{r}(t_b) = \boldsymbol{b}\right)$. Wir wollen nun die Kurve γ durch $n + 1$ Punkte P_s, $s = 0, 1, 2, \ldots, n$, $P_0 = A, P_n = B$, in n Segmente unterteilen, wie in Abb. 38 angegeben. Wenn n hinreichend groß ist, können die Segmente $P_s P_{s+1}$ im allgemeinen durch die Vektoren $\overrightarrow{P_s P_{s+1}}$ dargestellt werden, die wir mit $\delta \boldsymbol{r}_s$ bezeichnen wollen. Wenn die Ortsvektoren von P_s und P_{s+1} gleich $\boldsymbol{r}_s$ bzw. $\boldsymbol{r}_{s+1}$ sind, wobei

$$\boldsymbol{r}_s = \boldsymbol{r}(t_s), \quad \boldsymbol{r}_{s+1} = \boldsymbol{r}(t_{s+1}) \tag{2}$$

gilt, dann wird

$$\delta \boldsymbol{r}_s = \boldsymbol{r}_{s+1} - \boldsymbol{r}_s. \tag{3}$$

Verschiedene *Kurvenintegrale* werden durch folgende Grenzwerte definiert (vorausgesetzt natürlich, daß die Grenzwerte wirklich existieren, unabhängig von der Art, in der γ unterteilt wurde):

$$\int_\gamma f(\boldsymbol{r}) d\boldsymbol{r} = \lim_{n \to \infty} \sum_{s=0}^{s=n-1} f(\varrho_s)\, \delta \boldsymbol{r}_s, \tag{4}$$

$$\int_\gamma \boldsymbol{F}(\boldsymbol{r}) \cdot d\boldsymbol{r} = \lim_{n \to \infty} \sum_{s=0}^{s=n-1} \boldsymbol{F}(\varrho_s) \cdot \delta \boldsymbol{r}_s, \tag{5}$$

$$\int_\gamma \boldsymbol{F}(\boldsymbol{r}) \times d\boldsymbol{r} = \lim_{n \to \infty} \sum_{s=0}^{s=n-1} \boldsymbol{F}(\varrho_s) \times \delta \boldsymbol{r}_s, \tag{6}$$

wobei $|\delta \boldsymbol{r}_s| \to 0$ mit $n \to \infty$ für alle s und ϱ_s der Ortsvektor eines Punktes des Segmentes $P_s P_{s+1}$ ist; $f(\boldsymbol{r})$ und $\boldsymbol{F}(\boldsymbol{r})$ sind Skalar- bzw. Vektorfelder. Wir nehmen, solange keine explizite Feststellung vom Gegenteil gemacht wird, an, daß die in diesem Buch behandelten Felder so beschaffen sind, daß die Grenzwerte (4)—(6) existieren.

Wenn die Kurve geschlossen ist, ist es üblich, das durch einen kleinen Kreis auf dem Integralzeichen zu kennzeichnen: $\oint$.

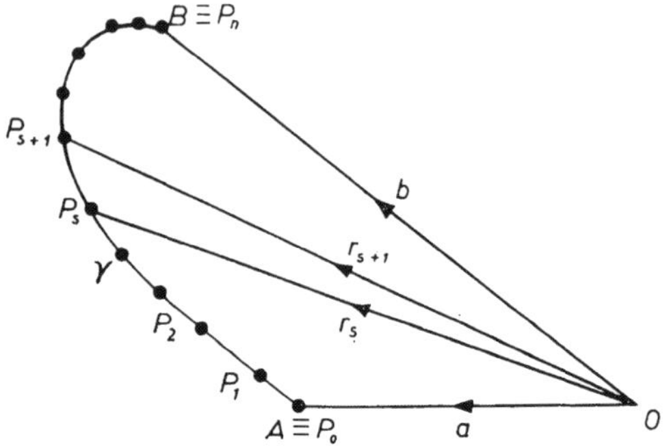

Abb. 38

In einem gegebenen System von orthogonalen krummlinigen Koordinaten ist

$$\delta \boldsymbol{r} = (h_1 \delta q_1) \boldsymbol{u}_1 + (h_2 \delta q_2) \boldsymbol{u}_2 + (h_3 \delta q_3) \boldsymbol{u}_3, \tag{7}$$

so daß die Definitionen (4)—(6) als

$$\int_\gamma f(\boldsymbol{r})\, d\boldsymbol{r} = \int_{t_a}^{t_b} f(q_1, q_2, q_3) \left\{ \left(h_1 \frac{dq_1}{dt} \right) \boldsymbol{u}_1 + \left(h_2 \frac{dq_2}{dt} \right) \boldsymbol{u}_2 + \left(h_3 \frac{dq_3}{dt} \right) \boldsymbol{u}_3 \right\} dt, \tag{8}$$

$$\int_\gamma \boldsymbol{F}(\boldsymbol{r}) \cdot d\boldsymbol{r} = \int_{t_a}^{t_b} \left\{ F_1(q_1, q_2, q_3)\, h_1 \frac{dq_1}{dt} + F_2(q_1, q_2, q_3)\, h_2 \frac{dq_2}{dt} + F_3(q_1, q_2, q_3)\, h_3 \frac{dq_3}{dt} \right\} dt, \tag{9}$$

$$\int\limits_{\gamma} \boldsymbol{F}(\boldsymbol{r}) \times d\boldsymbol{r} = \int\limits_{t_a}^{t_b} \Bigg[\Bigg\{F_2(q_1, q_2, q_3)\, h_3 \frac{dq_3}{dt} - F_3(q_1, q_2, q_3)\, h_2 \frac{dq_2}{dt}\Bigg\} \boldsymbol{u}_1 + \text{ähnliche Terme}\Bigg]\, dt \tag{10}$$

mit

$$f(\boldsymbol{r}) = f(q_1, q_2, q_3)$$

und

$$\boldsymbol{F}(\boldsymbol{r}) = F_1(q_1, q_2, q_3)\, \boldsymbol{u}_1 + F_2(q_1, q_2, q_3)\, \boldsymbol{u}_2 + F_3(q_1, q_2, q_3)\, \boldsymbol{u}_3$$

geschrieben werden können.

Beispiel 1. Wenn

$$\boldsymbol{r} = x\boldsymbol{i} + y\boldsymbol{j} + z\boldsymbol{k} \quad \text{und} \quad \boldsymbol{F} = F_x\boldsymbol{i} + F_y\boldsymbol{j} + F_z\boldsymbol{k}$$

ist, dann zeige, daß

$$\int\limits_{\gamma} \boldsymbol{F} \cdot d\boldsymbol{r} = \int\limits_{t_a}^{t_b} \left(F_x \frac{dx}{dt} + F_y \frac{dy}{dt} + F_z \frac{dz}{dt}\right) dt$$

gilt, und berechne das gegebene Kurvenintegral für den Fall, daß

$$\boldsymbol{F} = xy\boldsymbol{i}$$

ist und γ einer der Bögen der Kurve

$$x^2 + y^2 = 1, \quad z = 0$$

ist, der die Punkte $A(1, 0, 0)$ und $B(0, 1, 0)$ verbindet.

Wenn C der Punkt $(1, 0, 0)$ ist, dann bestimme die Werte des gegebenen Kurvenintegrals entlang der Wege, die A und B verbinden und die entlang des Quadrates $OACB$ laufen.

Der erste Teil dieses Problems ist mehr oder weniger einleuchtend, weil

$$\lim_{n\to\infty} \sum_{s=0}^{s=n-1} \boldsymbol{F}\big(\boldsymbol{r}(\tau_s)\big) \cdot \left(\frac{\delta \boldsymbol{r}_s}{\delta t_s}\right) dt_s = \int_{t_a}^{t_b} \left(\boldsymbol{F}(\boldsymbol{r}) \cdot \frac{d\boldsymbol{r}}{dt}\right) \delta t$$

gilt, wobei $\varrho_s = \boldsymbol{r}(\tau_s)$ und $\delta t_s = t_{s+1} - t_s$ ist.

Es gibt zwei mögliche Kreisbögen γ_+ und γ_-, die A und B verbinden (Abb. 39). Wir schreiben

$$\boldsymbol{r} = \cos t\boldsymbol{i} + \sin t\boldsymbol{j},$$

$$d\boldsymbol{r} = (-\sin t\boldsymbol{i} + \cos t\boldsymbol{j})\, dt,$$

so daß

$$\begin{aligned}\int_{\gamma^+} \boldsymbol{F} \cdot d\boldsymbol{r} &= \int_0^{\pi/2} (\sin t \cos t)\,(-\sin t\, dt) \\ &= -\int_0^{\pi/2} \sin^2 t\, d(\sin t) \\ &= -\left[\frac{\sin^3 t}{3}\right]_0^{\pi/2} \\ &= -\frac{1}{3}\end{aligned}$$

ist. In ähnlicher Weise erhalten wir

$$\int_{\gamma^-} \boldsymbol{F} \cdot d\boldsymbol{r} = -\frac{1}{3}.$$

Für den Weg AOB wird das Integral auf AO Null, da dort $y = 0$ ist, in gleicher Weise wird es auf OB Null, da dort $x = 0$ ist. Es gilt also

$$\int_{AOB} \boldsymbol{F} \cdot d\boldsymbol{r} = 0.$$

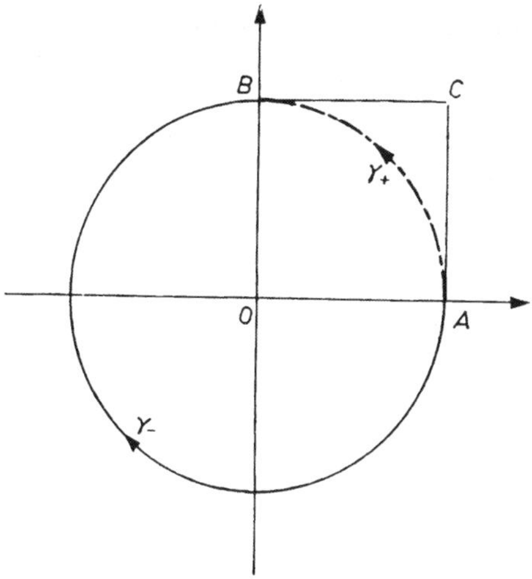

Abb. 39

Für den Weg ACB haben wir auf AC $\boldsymbol{F} = y\boldsymbol{i}$, $d\boldsymbol{r} = dy\boldsymbol{j}$, so daß $\boldsymbol{F} \cdot d\boldsymbol{r} = 0$ ist, und auf CB haben wir $\boldsymbol{F} = x\boldsymbol{i}$, $d\boldsymbol{r} = dx\boldsymbol{i}$, so daß $\boldsymbol{F} \cdot d\boldsymbol{r} = x\,dx$ gilt. Es ist also

$$\int_{ACB} \boldsymbol{F} \cdot d\boldsymbol{r} = \int_1^0 x\,dx = \left[\frac{x^2}{2}\right]_1^0 = -\frac{1}{2}.$$

Obige Berechnungen zeigen ganz deutlich, daß der Wert eines Kurvenintegrals entlang eines Weges, der zwei gegebene Punkte verbindet, im allgemeinen sehr von dem gewählten Weg abhängt.

9.2. Konservative Felder

Wenn die Arbeit, die von einer Kraft bei Verschieben ihres Angriffspunktes von A nach B geleistet wird, nur von den Punkten A und B und nicht vom Weg abhängt, der A und B verbindet, dann wird die Kraft konservativ genannt.

Ganz allgemein sagen wir, daß ein Vektorfeld *konservativ* ist, wenn der Wert des Kurvenintegrals

$$\int_\gamma \boldsymbol{F} \cdot d\boldsymbol{r} \tag{11}$$

nur von den Endpunkten A und B von γ und nicht von der Form von γ selbst abhängt.

Wir zeigen nun, daß ein Vektorfeld $\boldsymbol{F}$ dann und nur dann konservativ ist, wenn ein Skalarfeld φ mit

$$\boldsymbol{F} = -\nabla \varphi \tag{12}$$

existiert.

Zunächst beweisen wir: Wenn ein Feld φ mit $\boldsymbol{F} = -\nabla \varphi$ existiert, dann hängt das Integral (11) nur von den Endpunkten A und B von γ ab. In der Definition (5) wollen wir $\varrho_s = \boldsymbol{r}_s$ wählen, was wir natürlich vollkommen frei tun dürfen, weil ϱ_s der Ortsvektor irgendeines Punktes des Segments $P_s P_{s+1}$ ist. Wir erhalten

$$\begin{aligned} \int_\gamma (\nabla \varphi) \cdot d\boldsymbol{r} &= \lim_{n\to\infty} \sum_{s=0}^{s=n-1} \{\nabla \varphi(\boldsymbol{r}_s)\} \cdot \delta \boldsymbol{r}_s \\ &= \lim_{n\to\infty} \sum_{s=0}^{s=n-1} \{\varphi(\boldsymbol{r}_s + \delta \boldsymbol{r}_s) - \varphi(\boldsymbol{r}_s)\}, \end{aligned} \tag{13}$$

wobei wir das Ergebnis der Aufgabe 13, Übungen 8, benutzt haben (Satz von TAYLOR). Wir können also das Integral von Gleichung (13) auswerten

$$\begin{aligned} \int_\gamma (\nabla \varphi) \cdot d\boldsymbol{r} = \lim_{n\to\infty} [\{\varphi(\boldsymbol{r}_1) - \varphi(\boldsymbol{r}_0)\} + \{\varphi(\boldsymbol{r}_2) - \varphi(\boldsymbol{r}_1)\} \cdots \\ + \{\varphi(\boldsymbol{r}_n) - \varphi(\boldsymbol{r}_{n-1})\}] = \varphi(\boldsymbol{b}) - \varphi(\boldsymbol{a}). \end{aligned} \tag{14}$$

Wir haben somit festgestellt, daß die Bedingung (12) hinreichend ist. Nun wollen wir uns dem zweiten Teil unseres Satzes zuwenden, nämlich der Behauptung, daß die Bedingung (12) notwendig ist, damit $\boldsymbol{F}$ konservativ ist. Wir nehmen an, daß das Integral (11) unabhängig vom Weg γ ist und nur von den Endpunkten A und B abhängt, d. h.

$$\int_\gamma \boldsymbol{F} \cdot d\boldsymbol{r} = f(\boldsymbol{a}, \boldsymbol{b}). \tag{15}$$

Wir wollen ein Skalarfeld $\varphi(\boldsymbol{r})$ durch die Formel

$$\varphi(\boldsymbol{r}) = -f(\boldsymbol{a}, \boldsymbol{r}) \tag{16}$$

definieren, wobei $\boldsymbol{r}$ der Ortsvektor eines gegebenen Punktes im Raum ist. Es ist klar, daß

$$\int_\gamma \boldsymbol{F} \cdot d\boldsymbol{r} = \lim_{n\to\infty} \sum_{s=0}^{s=n-1} \int_{\gamma_s} \boldsymbol{F} \cdot d\boldsymbol{r} \tag{17}$$

gilt, wobei γ_s das Segment $P_s P_{s+1}$ von γ ist. Wenn also γ_s' den Bogen von γ kennzeichnet, der A und P_s verbindet, erhalten wir

$$\begin{aligned}\int_\gamma \boldsymbol{F} \cdot d\boldsymbol{r} &= \lim_{n\to\infty} \sum_{s=0}^{s=n-1} \left\{ \int_{\gamma'_{s+1}} \boldsymbol{F} \cdot d\boldsymbol{r} - \int_{\gamma'_s} \boldsymbol{F} \cdot d\boldsymbol{r} \right\} \\ &= \lim_{n\to\infty} \sum_{s=0}^{s=n-1} \{-\varphi(\boldsymbol{r}_{s+1}) + \varphi(\boldsymbol{r}_s)\} \\ &= \lim_{n\to\infty} \sum_{s=0}^{s=n-1} [-\{\nabla\varphi(\boldsymbol{r}_s)\} \cdot \delta\boldsymbol{r}_s],\end{aligned} \tag{18}$$

dabei haben wir wieder das Ergebnis der Aufgabe 13, Übungen 8, benutzt. Wenn wir nun wie vorher $\varrho_s = \boldsymbol{r}_s$ in der Definition wählen, haben wir

$$\int_\gamma \boldsymbol{F} \cdot d\boldsymbol{r} = \lim_{n\to\infty} \sum_{s=0}^{s=n-1} \boldsymbol{F}(\boldsymbol{r}_s) \cdot \delta\boldsymbol{r}_s. \tag{19}$$

Wir vergleichen Gleichung (18) und (19) und erhalten

$$\lim_{n\to\infty} \sum_{s=0}^{s=n-1} \{\boldsymbol{F}(\boldsymbol{r}_s) + \nabla\varphi(\boldsymbol{r}_s)\} \cdot \delta\boldsymbol{r}_s = 0. \tag{20}$$

Daraus können wir folgern, daß wie gefordert, $\boldsymbol{F} = -\nabla\varphi$ ist.

9.3. Die Bedingung rot $\boldsymbol{F} = \boldsymbol{0}$.

Wenn $\boldsymbol{F}$ konservativ ist, dann gilt

$$\nabla \times \boldsymbol{F} = \boldsymbol{0}. \tag{21}$$

Das Ergebnis (21) folgt unmittelbar aus der Tatsache, daß ein Skalarfeld φ mit

$$\boldsymbol{F} = -\nabla\varphi \quad \text{und} \quad \nabla \times (\nabla\varphi) = \boldsymbol{0}$$

existiert, die zweite Gleichung folgt aus 8.4., Beispiel 23.

Bedingung (21) ist also eine notwendige Bedingung, damit das Vektorfeld $\boldsymbol{F}$ konservativ ist: Wir zeigen nun, daß sie auch hinreichend ist.

Wir betrachten das durch die Gleichung

$$-\varphi_\gamma = \int_\gamma \boldsymbol{F} \cdot d\boldsymbol{r}, \quad \nabla \times \boldsymbol{F} = \boldsymbol{0} \tag{22}$$

definierte Skalarfeld $\varphi_\gamma(\boldsymbol{r})$, wobei γ ein spezieller Weg von dem festen Punkt A, dessen Ortsvektor bezüglich eines festen Ursprungs O gleich $\boldsymbol{a}$ ist, zu dem Punkt P mit dem Ortsvektor $\boldsymbol{r}$ ist. Wir müssen nun γ vorgeben, da wir zunächst nicht wissen, ob $\boldsymbol{F}$ konservativ ist oder nicht. Wir schreiben die Ortsvektoren $\boldsymbol{a}$ und $\boldsymbol{r}$ als

$$\begin{aligned} \boldsymbol{a} &= u\boldsymbol{i} + v\boldsymbol{j} + w\boldsymbol{k}, \\ \boldsymbol{r} &= x\boldsymbol{i} + y\boldsymbol{j} + z\boldsymbol{k} \end{aligned} \tag{23}$$

und wählen einen Weg γ, der drei gerade Linien enthält, die die Punkte (u, v, w), (x, v, w), (x, y, w) und (x, y, z) verbinden. Wir können also schreiben

$$\begin{aligned} -\varphi_\gamma = \int_u^x F_x(x, v, w)\, dx + \int_v^y F_y(x, y, w)\, dy \\ + \int_w^z F_z(x, y, z)\, dz, \end{aligned} \tag{24}$$

wobei

$$\boldsymbol{F}(\boldsymbol{r}) = F_x(x, y, z)\boldsymbol{i} + F_y(x, y, z)\boldsymbol{j} + F_z(x, y, z)\boldsymbol{k}$$

ist. Wir erhalten deshalb

$$-\frac{\partial \varphi_\gamma}{\partial z} = F_z(x, y, z), \tag{25}$$

$$-\frac{\partial \varphi_\gamma}{\partial x} = F_y(x, y, w) + \int_w^z \frac{\partial F_z}{\partial y}(x, y, z)\, dz, \tag{26}$$

$$-\frac{\partial \varphi_\gamma}{\partial x} = F_x(x, v, w) + \int_v^y \frac{\partial F_y}{\partial x}(x, y, w)\, dy + \int_w^z \frac{\partial F_z}{\partial y}(x, y, z)\, dz. \tag{27}$$

Da nun $\boldsymbol{\nabla} \times \boldsymbol{F} = \boldsymbol{0}$ ist, haben wir

$$\frac{\partial F_z}{\partial y} = \frac{\partial F_y}{\partial z}, \quad \frac{\partial F_x}{\partial z} = \frac{\partial F_z}{\partial x}, \quad \frac{\partial F_y}{\partial x} = \frac{\partial F_x}{\partial y}, \tag{28}$$

so daß

$$-\frac{\partial \varphi_\gamma}{\partial y} = F_y(x, y, w) + \int_w^z \frac{\partial F_y}{\partial z}(x, y, z)\, dz = F_y(x, y, z) \tag{29}$$

und

$$-\frac{\partial \varphi_\gamma}{\partial x} = F_x(x, v, w) + \int_v^y \frac{\partial F_x}{\partial y}(x, y, w)\, dy + \int_w^z \frac{\partial F_x}{\partial z}(x, y, z)\, dz = F_x(x, y, z) \tag{30}$$

ist. Wenn wir also Gleichung (25), (29) und (30) kombinieren, erhalten wir

$$\boldsymbol{F} = -\frac{\partial \varphi_\gamma}{\partial x}\boldsymbol{i} - \frac{\partial \varphi_\gamma}{\partial y}\boldsymbol{j} - \frac{\partial \varphi_\gamma}{\partial z}\boldsymbol{k},$$

d. h.

$$\boldsymbol{F} = -\nabla \varphi_\gamma, \tag{31}$$

das beweist, daß $\boldsymbol{F}$ wirklich ein konservatives Vektorfeld ist.

Die Bedingung (21) ist also sowohl notwendig als auch hinreichend dafür, daß $\boldsymbol{F}$ konservativ ist.

9.4. Konservative Kräfte

Aus dem zweiten NEWTONschen Bewegungssatz leiten wir ab, daß die von der Kraft $\boldsymbol{F}$ geleistete Arbeit, die während einer infinitesimalen Verschiebung $\delta \boldsymbol{r}$ eines Teilchens mit der Masse m geleistet wird, gleich

$$\boldsymbol{F} \cdot \delta \boldsymbol{r} = m\ddot{\boldsymbol{r}} \cdot \delta \boldsymbol{r} \tag{32}$$

ist. Wenn die Verschiebung $\delta \boldsymbol{r}$ während eines infinitesimalen Zeitintervalls δt stattfindet, können wir ableiten, daß

$$\boldsymbol{F} \cdot \frac{\delta \boldsymbol{r}}{\delta t} = m\ddot{\boldsymbol{r}} \cdot \frac{\delta \boldsymbol{r}}{\delta t} \tag{33}$$

gilt. Das führt uns zu dem Begriff der *Leistung*, d. h. Arbeit pro Zeiteinheit,

$$\begin{aligned} \boldsymbol{F} \cdot \frac{d\boldsymbol{r}}{dt} &= m\ddot{\boldsymbol{r}} \cdot \dot{\boldsymbol{r}} \\ &= \frac{dT}{dt}, \end{aligned} \tag{34}$$

wobei $T = m\dot{r}^2/2$ die *kinetische Energie* des Teilchens ist. Wir wollen die Änderung der kinetischen Energie betrachten, wenn die Kraft $\boldsymbol{F}$ ihren Angriffspunkt entlang der Kurve γ (Abb. 38) von dem Punkt A zu dem Punkt B verschiebt. Wenn die kinetischen Energien bei A und B durch T_A und T_B bezeichnet werden, dann haben wir aus Gleichung (34)

$$T_B - T_A = \int_\gamma \boldsymbol{F} \cdot d\boldsymbol{r}, \tag{35}$$

und diese Differenz ist eindeutig, vorausgesetzt, daß $\boldsymbol{F}$ eine konservative Kraft ist. Wenn $\boldsymbol{F}$ konservativ ist, dann gibt es ein Skalarfeld V, die sogenannte *potentielle Energie* des Teilchens, so daß

$$\boldsymbol{F} = -\nabla V \tag{36}$$

gilt. Wenn wir das Ergebnis (14) benutzen, können wir

$$\begin{aligned} T_B - T_A &= -\int_\gamma (\nabla V) \cdot d\boldsymbol{r} \\ &= V_A - V_B \end{aligned}$$

schreiben oder mit Umordnen

$$T_A + V_A = T_B + V_B, \tag{37}$$

wobei V_A und V_B die Werte von V an den Punkten A bzw. B sind.

Gleichung (37) sagt aus, daß für ein Teilchen, das sich in einem konservativen Kraftfeld bewegt, die Summe aus kinetischer und potentieller Energie eine Konstante ist. Aus diesem Grund bezeichnen wir Gleichung (37) als den Satz von der *Erhaltung der Energie.*

Beispiel 2. Die von einer Kraft $\boldsymbol{F}$ bei einer infinitesimalen Verschiebung $\delta\boldsymbol{r}$ geleistete Arbeit ist

(1) $\mu(xy\,\delta z + yz\,\delta z + zx\,\delta y)$,

(2) $\mu(xy\,\delta x + y^2\,\delta y)$,

wobei μ eine Konstante ist. Zeige durch den Versuch, das potentielle Energiefeld zu konstruieren, daß in dem Fall

(1) $\boldsymbol{F}$ konservativ ist, während $\boldsymbol{F}$ in dem zweiten Fall (2) nicht konservativ ist.

(1) Die potentielle Energie wird in diesem Falle gegeben durch die Formel

$$V = -\mu xyz + \nu,$$

wobei ν eine Konstante ist. Da $\boldsymbol{F} = -\nabla V$, folgt, daß $\boldsymbol{F}$ konservativ ist.

(2) Wenn eine potentielle Energie V existiert, dann muß sie die Differentialgleichungen

$$\text{(a)}\ \frac{\partial V}{\partial x} = -\mu xy, \quad \text{(b)}\ \frac{\partial V}{\partial y} = -\mu y^2, \quad \text{(c)}\ \frac{\partial V}{\partial z} = 0$$

erfüllen. Es folgt aus (c): Wenn V existiert, ist es eine Funktion von x und y allein; um (a) zu befriedigen, muß V weiterhin die Form

$$-\tfrac{1}{2}\mu\,\{x^2 y + g(y)\}$$

haben, dabei ist $g(y)$ eine willkürliche Funktion von y allein. Um also V zu finden, wenn es existieren sollte, ist es notwendig, g so zu wählen, daß (b) erfüllt wird, d. h.

$$\frac{dg}{dy} = 2y^2 - x^2.$$

Das ist aber offensichtlich unmöglich, da g nicht von x abhängt. Wir haben also demonstriert, daß V nicht existiert, und folglich ist die Kraft $\boldsymbol{F}$ nicht konservativ.

Beispiel 3. Zeige durch Berechnung von $\nabla \times \boldsymbol{F}$ für die in Beispiel 2 diskutierten Kräfte, daß in dem Fall (1) $\boldsymbol{F}$ konservativ ist, während es in dem Fall (2) nicht konservativ ist.

(1) In diesem Fall gilt

$$\boldsymbol{F} = \mu(xy\boldsymbol{k} + yz\boldsymbol{i} + zx\boldsymbol{j}),$$

so daß

$$\nabla \times \boldsymbol{F} = \begin{vmatrix} \boldsymbol{i} & \boldsymbol{j} & \boldsymbol{k} \\ \dfrac{\partial}{\partial x} & \dfrac{\partial}{\partial y} & \dfrac{\partial}{\partial z} \\ \mu y z & \mu z x & \mu x y \end{vmatrix} = 0$$

ist.

(2) In diesem Fall gilt

$$\boldsymbol{F} = \mu(xy\boldsymbol{i} + y^2\boldsymbol{j}),$$

so daß

$$\nabla \times \boldsymbol{F} = \begin{vmatrix} \boldsymbol{i} & \boldsymbol{j} & \boldsymbol{k} \\ \dfrac{\partial}{\partial x} & \dfrac{\partial}{\partial y} & \dfrac{\partial}{\partial z} \\ \mu x y & \mu y^2 & 0 \end{vmatrix}$$

$$= -\mu x\boldsymbol{k} \neq 0.$$

ist.

Beispiel 4. Die Spannung in einer elastischen Saite ist proportional dem Betrag, um den die Saite gedehnt wurde (HOOKE*sches Gesetz*). Zeige, daß die Spannung eine konservative Kraft ist, und bestimme die potentielle Energie.

Wir wollen annehmen, daß die Saite in Richtung des Einheitsvektors $\boldsymbol{i}$ liegt. Die natürliche Länge der Saite sei l, und sie möge um den Betrag x gedehnt sein. Die Spannung $\boldsymbol{T}$ ist gegeben durch die Formel

$$\boldsymbol{T} = \frac{-\lambda x\boldsymbol{i}}{l},$$

wobei λ eine Konstante, genannt *Elastizitätsmodul* der Saite, ist. Es gilt $\nabla \times \boldsymbol{T} = 0$, so daß die Kraft konservativ ist. Die potentielle Energie V ist gegeben durch

$$V = -\int_0^x \left(\frac{-\lambda x \boldsymbol{i}}{l}\right) \cdot (\boldsymbol{i}\, dx)$$

$$= \int_0^x \frac{\lambda x\, dx}{l} = \frac{1}{2} \frac{\lambda x^2}{l},$$

wobei wir $V = 0$ bei $x = 0$ gewählt haben.

9.5. Oberflächenintegrale

Wir wollen eine Oberfläche Σ betrachten, von der wir annehmen, daß sie in n elementare Oberflächen $\delta \Sigma_s$, $s = 0, 1, 2, \ldots, n-1$, unterteilt ist. Wenn n hinreichend groß ist, dann können diese elementaren Oberflächen als eben betrachtet werden. Vorausgesetzt, daß wir eine geeignete Vorzeichenkonvention annehmen, können wir also einen eindeutigen Einheitsvektor $\hat{\boldsymbol{n}}_s$ normal zu dem Element $\delta \Sigma_s$ definieren. Wenn δS_s die Fläche der Elementaroberfläche $\delta \Sigma_s$ ist, dann definieren wir seine Vektorfläche $\delta \boldsymbol{S}_s$ durch die Formel

$$\delta \boldsymbol{S}_s = \hat{\boldsymbol{n}}_s \delta S_s. \tag{38}$$

Wir nehmen nun an, daß f und $\boldsymbol{F}$ Skalar- bzw. Vektorfelder sind. Die folgenden Oberflächenintegrale über Σ können durch die Grenzwerte (vorausgesetzt, daß sie unabhängig von der Art und Weise existieren, in der Σ unterteilt wurde)

$$\int_\Sigma f(\boldsymbol{r})\, d\boldsymbol{S} = \lim_{n \to \infty} \sum_{s=0}^{s=n-1} f(\varrho_s)\, \delta \boldsymbol{S}_s, \tag{39}$$

$$\int_\Sigma \boldsymbol{F}(\boldsymbol{r}) \cdot d\boldsymbol{S} = \lim_{n \to \infty} \sum_{s=0}^{s=n-1} \boldsymbol{F}(\varrho_s) \cdot \delta \boldsymbol{S}_s, \tag{40}$$

$$\int_\Sigma \boldsymbol{F}(\boldsymbol{r}) \times d\boldsymbol{S} = \lim_{n \to \infty} \sum_{s=0}^{s=n-1} \boldsymbol{F}(\varrho_s) \times \delta \boldsymbol{S}_s \tag{41}$$

definiert werden, wobei $\delta \boldsymbol{S}_s \to 0$ mit $n \to \infty$ für alle s und $\boldsymbol{\varrho}_s$ der Ortsvektor eines Punktes ist, der auf der elementaren Oberfläche $\delta \Sigma_s$ liegt.

Wir nehmen, solange das Gegenteil nicht explizit festgestellt wird, an, daß die in diesem Kapitel diskutierten Skalar- und Vektorfelder so beschaffen sind, daß die Grenzwerte (39)—(41) wirklich existieren.

Es ist offenbar

$$\int_\Sigma \hat{\boldsymbol{n}} \cdot d\boldsymbol{S} = \int_\Sigma dS$$
$$= S, \tag{42}$$

wobei $\hat{\boldsymbol{n}}$ die Einheitsnormale zu einem beliebigen Punkt auf der Oberfläche Σ und S die Fläche von Σ ist.

Wenn die Oberfläche Σ geschlossen ist, dann ist es üblich, in das Integrationszeichen einen kleinen Kreis einzuzeichnen: $\oint$.

Wenn die Oberfläche Σ ein Teil einer Niveaufläche $q_1 = a$ ist, wobei a eine Konstante ist, dann können, wenn die Richtung der Normalen zu Σ in Richtung des Vektors $\boldsymbol{u}_1$ gemessen werden, die Definitionen (39)—(41) geschrieben werden als

$$\int_\Sigma f(\boldsymbol{r})\, d\boldsymbol{S} = \iint_\Sigma f(a, q_2, q_3)\, h_2 h_3 dq_2 dq_3\, \boldsymbol{u}_1, \tag{43}$$

$$\int_\Sigma \boldsymbol{F}(\boldsymbol{r}) \cdot d\boldsymbol{S} = \iint_\Sigma F_1(a, q_2, q_3) h_2 h_3 dq_2 dq_3, \tag{44}$$

$$\int_\Sigma \boldsymbol{F}(\boldsymbol{r}) \times d\boldsymbol{S} = \iint_\Sigma \{F_3(a, q_2, q_3)\, h_2 h_3 dq_2 dq_3 \boldsymbol{u}_2$$
$$- F_2(a, q_2, q_3)\, h_2 h_3 dq_2 dq_3 \boldsymbol{u}_3\} \tag{45}$$

mit

$$f(\boldsymbol{r}) = f(q_1, q_2, q_3),$$

$$\boldsymbol{F}(\boldsymbol{r}) = F_1(q_1, q_2, q_3)\, \boldsymbol{u}_1 + F_2(q_1, q_2, q_3)\, \boldsymbol{u}_2$$
$$+ F_3(q_1, q_2, q_3)\, \boldsymbol{u}_3.$$

Um die Ergebnisse (43)—(45) zu erhalten, war es wichtig, $d\boldsymbol{S}$ durch

$$(h_2 \boldsymbol{u}_2 dq_2) \times (h_3 \boldsymbol{u}_3 dq_3) = h_2 h_3 \, dq_2 dq_3 \boldsymbol{u}_1$$

zu ersetzen.

Beispiel 5. Verwende Kugelkoordinaten, um die Integrale

$$\int_\Sigma \boldsymbol{r} \cdot d\boldsymbol{S}, \quad \int_\Sigma \boldsymbol{r} \times d\boldsymbol{S}$$

zu berechnen, wobei Σ der Teil der Oberfläche der Kugel $r \leqq a$ ist, der durch $0 \leqq \theta \leqq \frac{\pi}{2}$, $-\pi \leqq \varphi \leqq \pi$ definiert ist.

$$\begin{aligned}\int_\Sigma \boldsymbol{r} \cdot d\boldsymbol{S} &= \iint_\Sigma (a\boldsymbol{u}_1) \cdot (a^2 \sin\theta \, d\theta \, d\varphi \, \boldsymbol{u}_1) \\ &= a^3 \int_{-\pi}^{\pi} d\varphi \int_0^{\pi/2} \sin\theta \, d\theta \\ &= 2\pi a^3.\end{aligned}$$

$$\begin{aligned}\int_\Sigma \boldsymbol{r} \times d\boldsymbol{S} &= \iint_\Sigma (a\boldsymbol{u}_1) \times (a^2 \sin\theta \, d\theta \, d\varphi \, \boldsymbol{u}_1) \\ &= a^3 \int_{-\pi}^{\pi} \left(\int_0^{\pi/2} \sin\theta \, \boldsymbol{u}_1 \times \boldsymbol{u}_1 \, d\theta \right) d\varphi \\ &= 0\end{aligned}$$

wegen $\boldsymbol{u}_1 \times \boldsymbol{u}_1 = 0$.

Beispiel 6. Vorausgesetzt, die Grenzwerte existieren, dann zeige, daß der Gradient eines skalaren Feldes $f(\boldsymbol{r})$ an dem Punkt P_0 mit dem Ortsvektor $\boldsymbol{r}_0$ durch die Gleichung

$$[\nabla f]_{r=r_0} = \lim_{V \to 0} \frac{\oint_\Sigma f \, d\boldsymbol{S}}{V} \tag{46}$$

gegeben ist, wobei Σ eine geschlossene Oberfläche ist, die den Punkt P_0 umschließt, und V das Volumen des Körpers Ω ist, der von der Oberfläche Σ umschlossen wird. Die positive Richtung der Normalen zu Σ ist die von Ω nach außen.

Wir wählen eine Menge von orthogonalen krummlinigen Koordinaten (q_1, q_2, q_3) und betrachten die Familie von Niveauflächen

$$q_i = a_i \; (i = 1, 2, 3),$$

wobei a_i $(i = 1, 2, 3)$ Konstanten sind. Nun ist es offenbar möglich, zwei Körper zu konstruieren, die durch Mitglieder der gegebenen Familie von Niveauflächen begrenzt werden, von denen die eine einen gegebenen Körper beliebiger Gestalt enthält, während die andere in diesem gegebenen Körper enthalten ist. Mit $V \to 0$ brauchen wir also nur einen elementaren Körper, der sein „Zentrum" an dem Punkt $\boldsymbol{r} = \boldsymbol{r}_0$ mit den krummlinigen Koordinaten (q_1^0, q_2^0, q_3^0) hat und der durch Niveauflächen der gegebenen Familie begrenzt wird, zu betrachten.

Da der Vektor ϱ_s in der Definition (39) einen beliebigen Punkt auf der elementaren Oberfläche $\delta\Sigma_s$ darstellen kann, wollen wir die Mittelpunkte der Flächen unseres elementaren Körpers (Abb. 40) als solche Punkte wählen.

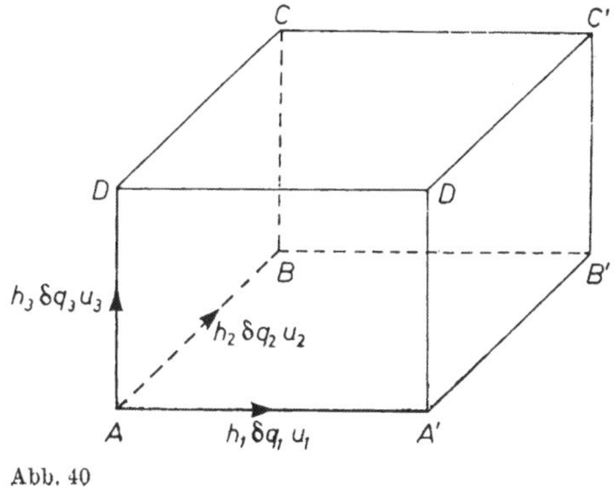

Abb. 40

Wenn wir uns zum Beispiel mit der elementaren Oberfläche *ABCD* beschäftigen, die die Vektorfläche (die Normale nach außen gerichtet) $-h_2 h_3 d\delta_2 \delta q_3 \boldsymbol{u}_1$ hat, werden wir den Punkt $(q_1{}^0 - \frac{1}{2}\delta q_1, q_2{}^0, q_3{}^0)$ wählen. In dem gegebenen Grenzwert (46) können wir also das Oberflächenintegral durch eine Summe über sechs Glieder ersetzen:

$$\begin{aligned}\{f(q_1{}^0 + \tfrac{1}{2}\delta q_1, q_2{}^0, q_3{}^0) - f(q_1{}^0 - \tfrac{1}{2}\delta q_1, q_2{}^0, q_3{}^0)\}\, h_2 h_3 \delta q_2 \delta q_3\, \boldsymbol{u}_1 \\ + \{f(q_1{}^0, q_2{}^0 + \tfrac{1}{2}\delta q_2, q_3{}^0) \\ - (fq_1{}^0, q_2{}^0 - \tfrac{1}{2}\delta q_2, q_3{}^0)\}\, h_3 h_1 \delta q_3 \delta q_1 \boldsymbol{u}_2 \\ + \{f(q_1{}^0, q_2{}^0, q_3{}^0 + \tfrac{1}{2}\delta q_3) \\ - f(q_1{}^0, q_2{}^0, q_3{}^0 - \tfrac{1}{2}\delta q_3)\}\, h_1 h_2 \delta q_1 \delta q_2 \boldsymbol{u}_3,\end{aligned}$$

wobei

$$f(\boldsymbol{r}) = f(q_1, q_2, q_3)$$

gilt.

Wir erhalten also

$$\begin{aligned}&\lim_{V\to 0} \oint_{\Sigma} \frac{f\,d\boldsymbol{S}}{V} \\ &= \lim_{\substack{\delta q_i \to 0 \\ (i=1,2,3)}} \left[\left\{\frac{f(q_1{}^0 + \frac{1}{2}\delta q_1, q_2{}^0, q_3{}^0) - f(q_1{}^0 - \frac{1}{2}\delta q_1, q_2{}^0, q_3{}^0)}{h_1\,\delta q_1}\right\}\boldsymbol{u}_1 \right. \\ &\qquad\qquad \left. + \text{ähnliche Terme}\right] \\ &= \left[\frac{1}{h_1}\frac{\partial f}{\partial q_1}\boldsymbol{u}_1 + \frac{1}{h_2}\frac{\partial f}{\partial q_2}\boldsymbol{u}_2 + \frac{1}{h_3}\frac{\partial f}{\partial q_3}\boldsymbol{u}_3\right]_{r=r_0} \\ &= [\nabla f]_{r=r_0},\end{aligned}$$

wobei das Ergebnis (23), 8.2. benutzt wurde.

Bei einem anderen von einigen Lehrern bevorzugten Verfahren für die Vektorrechnung wird der Grenzwert (46) benutzt, um grad f zu definieren. Die Entwicklung eines solchen Verfahrens wird in den Übungen 9, Aufgaben 1 und 2, angedeutet.

9.6. *Zusammenhang zwischen Kurven- und Oberflächenintegralen*

Wir beweisen nun, daß für ein geeignetes Skalarfeld f

$$\int_{\Sigma} d\boldsymbol{S} \times \nabla f = \oint_{\gamma} d\boldsymbol{r} f \tag{47}$$

gilt, wobei γ eine geschlossene Kurve ist, die den Rand der Oberfläche Σ bildet: Den positiven Umlaufsinn von γ erhält man, wenn man die positiv orientierten Oberflächennormalen im Rechtssinn umläuft.

Wir wollen die Oberfläche Σ in n elementare Oberflächen $\delta\Sigma_s$ von der Fläche $\delta\boldsymbol{S}_s$, $s = 0, 1, 2, \ldots, n-1$, wie in 9.5. unterteilen, und wir wollen unsere Elemente näherungsweise rechtwinklig wählen. Wir nehmen an, wie es vernünftig erscheint, daß mit $n \to \infty$ und $\delta\boldsymbol{S}_s \to 0$ die Beiträge von jedem nichtrechtwinkligen Oberflächenelement, das an dem Rand von Σ entstehen kann, verschwinden.

Wir betrachten die elementare Oberfläche $\delta\Sigma_s$ und lassen die Punkte P_s, $P_s^{(1)}$, $P_s^{(2)}$, deren Ortsvektoren

$$\boldsymbol{r}_s,\ \boldsymbol{r}_s + \delta\boldsymbol{r}_s^{(1)},\ \boldsymbol{r}_s + \delta\boldsymbol{r}_s^{(2)}$$

sind, die drei Eckpunkte sein, wie es in Abb. 41 gezeigt wird. In der Summe

$$\sum_{s=0}^{s=n-1} \{f(\boldsymbol{r}_s)\,\delta\boldsymbol{r}_s^{(1)} + f(\boldsymbol{r}_s + \delta\boldsymbol{r}_s^{(1)})\,\delta\boldsymbol{r}_s^{(2)} - f(\boldsymbol{r}_s + \delta\boldsymbol{r}_s^{(2)})\,\delta\boldsymbol{r}_s^{(1)} - f(\boldsymbol{r}_s)\,\delta\boldsymbol{r}_s^{(2)}\}, \tag{48}$$

in der jedes Glied näherungsweise gleich

$$\oint_{\gamma_s} f(\boldsymbol{r})\, d\boldsymbol{r} \tag{49}$$

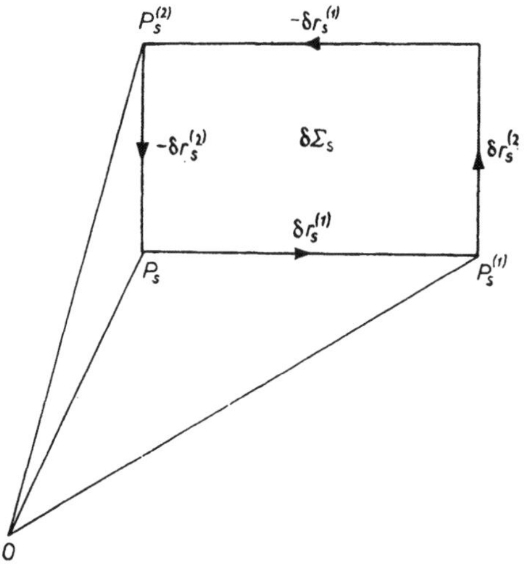

Abb. 41

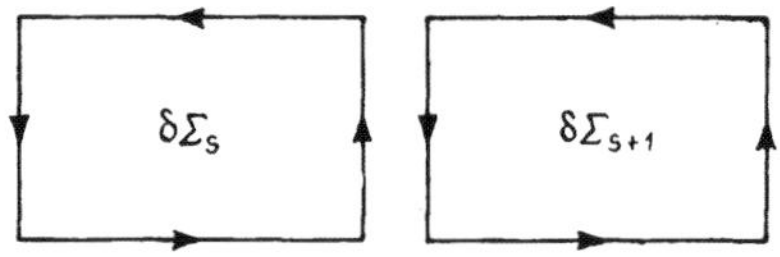

Abb. 42

ist (γ_s ist der Umfang der elementaren Oberfläche $\delta\Sigma_s$), trägt jede Seite eines jeden Rechtecks zweimal zu der Summe bei, einmal mit einem negativen und einmal mit einem positiven Vorzeichen (Abb. 42): Die Summe (48) ist also angenähert gleich dem Kurvenintegral

$$\oint_{\gamma'} f(\boldsymbol{r})\, d\boldsymbol{r}. \tag{50}$$

Dabei ist γ' die in Abb. 43 gezeichnete Kurve, die in der

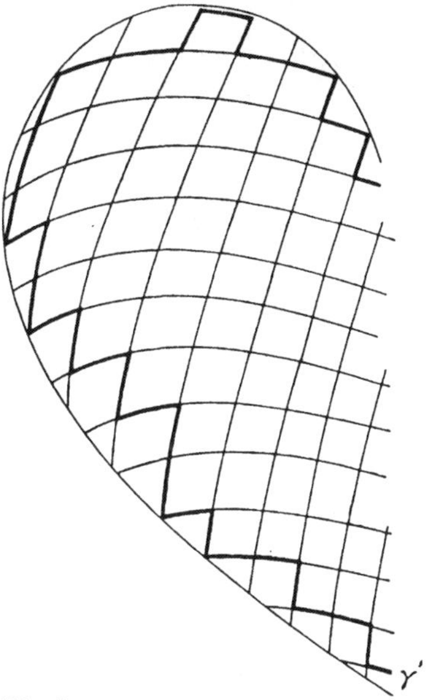

Abb. 43

Grenze $n \to \infty$ mit γ zusammenfällt. Wir haben also

$$\oint_\gamma f(\boldsymbol{r})\, d\boldsymbol{r} = \lim_{n\to\infty} \sum_{s=0}^{s=n-1} [\{f(\boldsymbol{r}_s) - f(\boldsymbol{r}_s + \delta \boldsymbol{r}_s^{(2)})\}\, \delta \boldsymbol{r}_s^{(1)}$$

$$+ \{f(\boldsymbol{r}_s + \delta \boldsymbol{r}_s^{(1)}) - f(\boldsymbol{r}_s)\}\, \delta \boldsymbol{r}_s^{(2)}]$$

$$= \lim_{n\to\infty} \sum_{s=0}^{s=n-1} [\{- \delta \boldsymbol{r}_s^{(2)} \cdot \nabla f(\boldsymbol{r}_s)\}\, \delta \boldsymbol{r}_s^{(1)}$$

$$+ \{\delta \boldsymbol{r}_s^{(1)} \cdot \nabla f(\boldsymbol{r}_s)\}\, \delta \boldsymbol{r}_s^{(2)}],$$

wobei wir das Ergebnis von Aufgabe 13, Übungen 8 (Satz von TAYLOR), benutzt haben.

Wir erhalten also

$$\oint_\gamma f(\boldsymbol{r})\, d\boldsymbol{r} = \lim_{n\to\infty} \sum_{s=0}^{s=n-1} [\{\delta \boldsymbol{r}_s^{(1)} \times \delta \boldsymbol{r}_s^{(2)}\} \times \{\nabla f(\boldsymbol{r}_s)\}]. \quad (51)$$

Es ist aber

$$\delta \boldsymbol{r}_s^{(1)} \times \delta \boldsymbol{r}^{(2)} = \delta \boldsymbol{S}_s,$$

so daß

$$\oint_\gamma f(\boldsymbol{r})\, d\boldsymbol{r} = \lim_{n\to\infty} \sum_{s=0}^{s=n-1} [\delta \boldsymbol{S}_s \times \{\nabla f(\boldsymbol{r}_s)\}]$$

$$= \int_\Sigma d\boldsymbol{S} \times \nabla f \tag{52}$$

gilt.

Das Ergebnis (52) kann trivialerweise verallgemeinert werden, um folgende Sätze für Vektorfelder $\boldsymbol{F}(\boldsymbol{r})$

$$\int_\Sigma (d\boldsymbol{S} \times \nabla) \times \boldsymbol{F} = \oint_\gamma d\boldsymbol{r} \times \boldsymbol{F}, \tag{53}$$

$$\int_\Sigma (d\boldsymbol{S} \times \nabla) \cdot \boldsymbol{F} = \oint_\gamma d\boldsymbol{r} \cdot \boldsymbol{F} \tag{54}$$

einzuschließen.

Das zweite Ergebnis kann in der Form

$$\int_\Sigma d\boldsymbol{S} \cdot (\nabla \times \boldsymbol{F}) = \oint_\gamma d\boldsymbol{r} \cdot \boldsymbol{F} \tag{55}$$

geschrieben werden, das als *Satz von* STOKES bekannt ist. Wir werden die Ergebnisse dieses Abschnitts formal als

$$\int_\Sigma d\boldsymbol{S} \times \nabla \Big| = \oint_\gamma d\boldsymbol{r} \Big| \tag{56}$$

zusammenfassen.

Beispiel 7. Zeige, daß die durch eine beliebige ebene Kurve γ umschlossene Fläche gegeben ist durch die Formel

$$\tfrac{1}{2} \left| \oint_\gamma \boldsymbol{r} \times d\boldsymbol{r} \right|.$$

Leite diese Formel für den Fall eines Kreises mit dem Radius a ab, der die Gleichung

$$x^2 + y^2 = a^2, \quad z = 0$$

hat.

Mit dem Ergebnis (56) ist

$$\oint_\gamma \boldsymbol{r} \times d\boldsymbol{r} = -\oint_\gamma d\boldsymbol{r} \times \boldsymbol{r} = -\int_\Sigma (d\boldsymbol{S} \times \nabla) \times \boldsymbol{r}$$

$$= \int_\Sigma (\nabla \cdot \boldsymbol{r}\, d\boldsymbol{S}_0 - \nabla \boldsymbol{r} \cdot d\boldsymbol{S}_0),$$

wobei der Index anzeigt, daß der Gradientenoperator nicht auf den Faktor $d\boldsymbol{S}$ wirkt. Wenn wir die Ergebnisse von 8.4., Beispiel 12, und von 8.4., Beispiel 21, benutzen, erhalten wir

$$\oint_\gamma \boldsymbol{r} \times d\boldsymbol{r} = \int_\Sigma (3d\boldsymbol{S} - d\boldsymbol{S})$$

$$= 2\int_\Sigma d\boldsymbol{S}$$

$$= 2S\hat{\boldsymbol{n}}.$$

Dabei ist $\hat{\boldsymbol{n}}$ ein Einheitsvektor senkrecht zu der Ebene, die γ enthält, und S ist die Fläche von Σ.

Für den Kreis $x^2 + y^2 = a^2, z = 0$ wollen wir die Polarkoordinaten

$$x = r\cos\theta, \quad y = r\sin\theta$$

benutzen. Die Fläche ist gegeben durch

$$\frac{a^2}{2}\left|\int_0^{2\pi} (\cos\theta\boldsymbol{i} + \sin\theta\boldsymbol{j}) \times (-\sin\theta\boldsymbol{i} + \cos\theta\boldsymbol{j})\, d\theta\right|$$

$$= \frac{a^2}{2}\left|\int_0^{2\pi} (\sin^2\theta + \cos^2\theta)\,\boldsymbol{k}\, d\theta\right|$$

$$= \frac{a^2}{2}\int_0^{2\pi} d\theta$$

$$= \pi a^2.$$

Beispiel 8. Zeige, daß in dem Fall $\boldsymbol{F} = \boldsymbol{a} \times \boldsymbol{r}$, wobei $\boldsymbol{a}$ sein konstanter Vektor ist,

$$\int_\Sigma d\boldsymbol{S} \cdot \nabla \times \boldsymbol{F} = \oint_\gamma d\boldsymbol{r} \cdot \boldsymbol{F}$$

gilt. Σ ist dabei die Oberfläche, die in Kugelkoordinaten durch

$$r = a, \quad 0 \leqq \theta \leqq \pi/2, \quad 0 \leqq \varphi \leqq 2\pi$$

definiert wird.

Wir haben

$$\begin{aligned} \nabla \times (\boldsymbol{a} \times \boldsymbol{r}) &= \boldsymbol{a} \nabla \cdot \boldsymbol{r} - \boldsymbol{a} \cdot \nabla \boldsymbol{r} \\ &= 3\boldsymbol{a} - \boldsymbol{a} \\ &= 2\boldsymbol{a}, \end{aligned}$$

so daß

$$\begin{aligned} \int_\Sigma d\boldsymbol{S} \cdot (\nabla \times \boldsymbol{F}) &= \int_\Sigma d\boldsymbol{S} \cdot (2\boldsymbol{a}) \\ &= 2\boldsymbol{a} \cdot \int_\Sigma d\boldsymbol{S} \end{aligned}$$

gilt. Es ist aber

$$\begin{aligned} \int_\Sigma d\boldsymbol{S} = \int_0^{\pi/2} \left\{ \int_0^{2\pi} (a^2 \sin\theta) (\sin\theta \cos\varphi \boldsymbol{i} + \sin\theta \sin\varphi \boldsymbol{j} \right. \\ \left. + \cos\theta \boldsymbol{k}) \, d\varphi \right\} d\theta, \end{aligned}$$

so daß wir

$$\begin{aligned} 2\boldsymbol{a} \cdot \int_\Sigma d\boldsymbol{S} &= 4\pi a^2 \, \boldsymbol{a} \cdot \boldsymbol{k} \int_0^{\pi/2} \sin\theta \cos\theta \, d\theta \\ &= 2\pi a^2 \, \boldsymbol{a} \cdot \boldsymbol{k} \end{aligned}$$

haben.

Nun ist γ der Kreis $x^2 + y^2 = a^2, z = 0$, so daß in Polarkoordinaten $x = a \cos\theta$, $y = a \sin\theta$ und

$$\begin{aligned}\oint_\gamma d\boldsymbol{r} \cdot (\boldsymbol{a} \times \boldsymbol{r}) &= \int_0^{2\pi} (-a \sin\theta \boldsymbol{i} + a \cos\theta \boldsymbol{j}) \\ &\quad \cdot \{\boldsymbol{a} \times (a \cos\theta \boldsymbol{i} + a \sin\theta \boldsymbol{j})\}\, d\theta \\ &= a^2 \boldsymbol{a} \cdot \int_0^{2\pi} (\cos\theta \boldsymbol{i} + \sin\theta \boldsymbol{j}) \\ &\quad \times (-\sin\theta \boldsymbol{i} + \cos\theta \boldsymbol{j})\, d\theta \\ &= a^2\, \boldsymbol{a} \cdot \boldsymbol{k} \int_0^{2\pi} (\cos^2\theta + \sin^2\theta)\, d\theta \\ &= 2\pi a^2\, \boldsymbol{a} \cdot \boldsymbol{k}\end{aligned}$$

gilt.

9.7. *Volumenintegrale*

Wir wollen einen Körper Ω betrachten, von dem wir annehmen, daß er in Elementarkörper $\delta\Omega_s$ mit den Volumina δV_s, $s = 0, 1, 2, \ldots, n-1$, unterteilt ist. Wir nehmen weiter an, daß f und $\boldsymbol{F}$ Skalar- bzw. Vektorfelder sind. Die folgenden *Volumenintegrale* über Ω können durch die Grenzwerte (vorausgesetzt, daß sie unabhängig von der Art, in der Ω unterteilt wurde, existieren)

$$\int_\Omega f(\boldsymbol{r})\, dV = \lim_{n\to\infty} \sum_{s=0}^{s=n-1} f(\boldsymbol{\rho}_s)\, \delta V_s, \tag{57}$$

$$\int_\Omega \boldsymbol{F}(\boldsymbol{r})\, dV = \lim_{n\to\infty} \sum_{s=0}^{s=n-1} \boldsymbol{F}(\boldsymbol{\rho}_s)\, \delta V_s \tag{58}$$

definiert werden. Dabei ist $\delta V_s \to 0$ mit $n \to \infty$ für alle s, und ϱ_s ist der Ortsvektor eines Punktes, der in dem Element $\delta\Omega_s$ liegt.

Solange das Gegenteil nicht explizit festgestellt wird, nehmen wir an, daß die in diesem Buch behandelten Skalar- und Vektorfelder so beschaffen sind, daß die Grenzwerte (57) und (58) wirklich existieren.

In einem beliebigen orthogonalen krummlinigen System können diese Definitionen geschrieben werden als

$$\int_\Omega f(\boldsymbol{r})\, dV = \iiint_\Omega f(q_1, q_2, q_3)\, h_1 h_2 h_3\, dq_1 dq_2 dq_3, \tag{59}$$

$$\int_\Omega \boldsymbol{F}(\boldsymbol{r})\, dV = \iiint_\Omega \boldsymbol{F}(q_1, q_2, q_3)\, h_1 h_2 h_3\, dq_1 dq_2 dq_3, \tag{60}$$

wobei

$$f(\boldsymbol{r}) = f(q_1, q_2, q_3),$$
$$\boldsymbol{F}(\boldsymbol{r}) = \boldsymbol{F}(q_1, q_2, q_3)$$

gilt.

Beispiel 9. Berechne

$$\int_\Omega f\, dV$$

mit $f = r^2$, Ω ist die Kugel $r \leqq a$.

In Kugelkoordinaten gilt

$$\int_\Omega f\, dV = \int_0^a r^4 dr \int_0^\pi \sin\theta\, d\theta \int_0^{2\pi} d\varphi$$
$$= \frac{4\pi a^5}{5}.$$

9.8. *Zusammenhang zwischen Oberflächen- und Volumenintegralen*

Wir beweisen nun, daß für jedes geeignete Skalarfeld f

$$\int_\Omega dV\, \nabla f = \oint_\Sigma d\boldsymbol{S} f \tag{61}$$

gilt, wobei Σ die geschlossene Oberfläche ist, die den Körper Ω umschließt, die positive Richtung der Normalen zu Σ wird (vereinbarungsgemäß) nach außen hin gewählt.

Der Beweis folgt genau nach Richtlinien des entsprechenden Beweises in 9.6. Wir wollen den Körper Ω in n elementare Körper $\delta\Omega_s$, $s = 0, 1, 2, \ldots, n-1$, durch drei Familien von Niveauflächen unterteilen. Wenn n hinreichend groß ist, können die elementaren Körper als rechteckige Parallelepipeds betrachtet werden (Abb. 44).

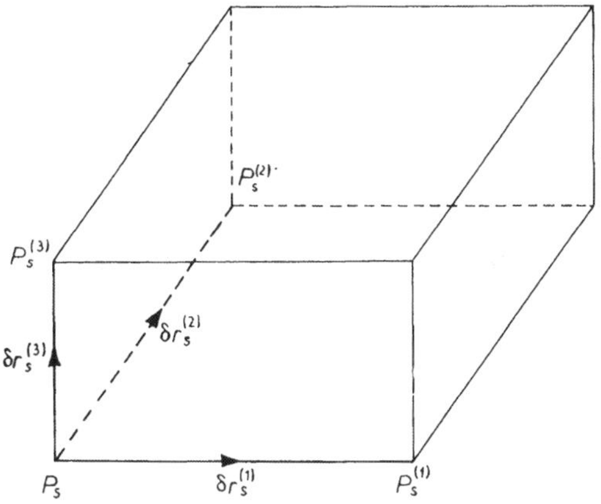

Abb. 44

P_s, $P_s^{(1)}$, $P_s^{(2)}$, $P_s^{(3)}$ mögen die Ecken (wie in der Abb. dargestellt) des Elementes mit den Ortsvektoren

$$\boldsymbol{r}_s, \quad \boldsymbol{r}_s + \delta\boldsymbol{r}_s^{(1)}, \quad \boldsymbol{r}_s + \delta\boldsymbol{r}_s^{(2)}, \quad \boldsymbol{r}_s + \delta\boldsymbol{r}_s^{(3)}$$

sein.

In der Summe

$$\sum_{s=0}^{s=n-1} [f(\boldsymbol{r}_s)\{\delta\boldsymbol{r}_s^{(2)} \times \delta\boldsymbol{r}_s^{(1)} + \delta\boldsymbol{r}_s^{(1)} \times \delta\boldsymbol{r}_s^{(3)} + \delta\boldsymbol{r}_s^{(3)} \times \delta\boldsymbol{r}_s^{(2)}\} + f(\boldsymbol{r}_s + \delta\boldsymbol{r}_s^{(1)})\,\delta\boldsymbol{r}_s^{(2)} \times \delta\boldsymbol{r}_s^{(3)} + f(\boldsymbol{r}_s + \delta\boldsymbol{r}_s^{(2)})\,\delta\boldsymbol{r}_s^{(3)} \times \delta\boldsymbol{r}_s^{(1)} + f(\boldsymbol{r}_s + \delta\boldsymbol{r}_s^{(3)})\,\delta\boldsymbol{r}_s^{(1)} \times \delta\boldsymbol{r}_s^{(2)}], \tag{62}$$

in der jedes Glied näherungsweise gleich

$$\oint_{\Sigma_s} f(\boldsymbol{r})\, d\boldsymbol{S} \tag{63}$$

und $\sum_s$ die Oberfläche des Elementarkörpers $\delta\Omega_s$ sind, trägt jede Fläche jedes Körpers doppelt bei, einmal mit einem negativen und einmal mit einem positiven Vorzeichen zu der Summe: Die Summe (62) ist deshalb näherungsweise gleich dem Oberflächenintegral

$$\oint_{\Sigma'} f(\boldsymbol{r})\, d\boldsymbol{S}, \tag{64}$$

wobei $\Sigma' \to \Sigma$ mit $n \to \infty$ ist. Wenn wir also annehmen, daß die Randelemente, die keine rechteckigen Parallelepipede sind, in dem Grenzfall $n \to \infty$ nichts beitragen, haben wir

$$\begin{aligned}\oint_{\Sigma} f(\boldsymbol{r})\, d\boldsymbol{S} = \lim_{n\to\infty} \sum_{s=0}^{s=n-1} [\{f(\boldsymbol{r}_s + \delta\boldsymbol{r}_s^{(1)}) - f(\boldsymbol{r}_s)\}\, \delta\boldsymbol{r}_s^{(2)} \\ \times \delta\boldsymbol{r}_s^{(3)} + \{f(\boldsymbol{r}_s + \delta\boldsymbol{r}_s^{(2)}) - f(\boldsymbol{r}_s)\}\, \delta\boldsymbol{r}_s^{(3)} \\ \times \delta\boldsymbol{r}_s^{(1)} + \{f(\boldsymbol{r}_s + \delta\boldsymbol{r}_s^{(2)}) - f(\boldsymbol{r}_s)\}\, \delta\boldsymbol{r}_s^{(1)} \\ \times \delta\boldsymbol{r}_s^{(2)}] \\ = \lim_{n\to\infty} \sum_{s=0}^{s=n-1} \{\delta\boldsymbol{r}_s^{(2)} \times \delta\boldsymbol{r}_s^{(3)}\, \delta\boldsymbol{r}_s^{(1)} \cdot \nabla f(\boldsymbol{r}_s) + \delta\boldsymbol{r}_s^{(3)} \\ \times \delta\boldsymbol{r}_s^{(1)}\, \delta\boldsymbol{r}_s^{(2)} \cdot \nabla f(\boldsymbol{r}_s) + \delta\boldsymbol{r}_s^{(1)} \\ \times \delta\boldsymbol{r}_s^{(2)}\, \delta\boldsymbol{r}_s^{(3)} \cdot \nabla f(\boldsymbol{r}_s)\},\end{aligned} \tag{65}$$

wobei wir das Ergebnis der Aufgabe 13, Übungen 8, benutzt haben. Wir können nun Gleichung (65) wie folgt schreiben:

$$\oint_\Sigma f(\boldsymbol{r})\, d\boldsymbol{S} = \lim_{n\to\infty} \sum_{s=0}^{s=n-1} \delta \boldsymbol{r}_s^{(1)} \cdot \delta \boldsymbol{r}_s^{(2)} \times \delta \boldsymbol{r}_s^{(3)}$$

$$\times \left\{ \frac{\delta \boldsymbol{r}_s^{(2)} \times \delta \boldsymbol{r}_s^{(3)}}{\delta \boldsymbol{r}_s^{(1)} \cdot \delta \boldsymbol{r}_s^{(2)} \times \delta \boldsymbol{r}_s^{(3)}} \delta \boldsymbol{r}_s^{(1)} \cdot \nabla f(\boldsymbol{r}_s) + \text{ähnliche Terme} \right\}$$

$$= \lim_{n\to\infty} \sum_{s=0}^{s=n-1} \delta \boldsymbol{r}_s^{(1)} \cdot \delta \boldsymbol{r}_s^{(2)} \times \delta \boldsymbol{r}_s^{(3)} \nabla f(\boldsymbol{r}_s). \quad (66)$$

Es ist aber

$$\delta V_s = \delta \boldsymbol{r}_s^{(1)} \cdot \delta \boldsymbol{r}_s^{(2)} \times \delta \boldsymbol{r}_s^{(3)},$$

so daß

$$\oint_\Sigma f(\boldsymbol{r})\, d\boldsymbol{S} = \lim_{n\to\infty} \sum_{s=0}^{s=n-1} \delta V_s \nabla f(\boldsymbol{r}_s)$$

$$= \int_\Omega dV\, \nabla f(\boldsymbol{r}) \quad (67)$$

gilt.

Einfache Verallgemeinerungen des Ergebnisses (67) auf Vektorfelder $\boldsymbol{F}$ können wie folgt durchgeführt werden:

$$\int_\Omega dV\, \nabla \times \boldsymbol{F} = \oint_\Sigma d\boldsymbol{S} \times \boldsymbol{F}, \quad (68)$$

$$\int_\Omega dV\, \nabla \cdot \boldsymbol{F} = \oint_\Sigma d\boldsymbol{S} \cdot \boldsymbol{F}. \quad (69)$$

Das Ergebnis (69) ist bekannt als der *Divergenzsatz von* Gauss. Die Ergebnisse (67)—(69) können formal als

$$\int_\Omega dV\, \nabla \Big| = \oint_\Sigma d\boldsymbol{S} \Big| \quad (70)$$

zusammengefaßt werden.

Beispiel 10. Benutze den Gaussschen Satz, um das Volumen einer Kugel Ω mit dem Radius a aus der bekannten Oberfläche $4\pi a^2$ abzuleiten.

Das gesuchte Volumen ist

$$\begin{aligned}\int_{\Omega} dV &= \frac{1}{3}\int dV\,\nabla\cdot\boldsymbol{r}\\ &= \frac{1}{3}\oint_{\Sigma} d\boldsymbol{S}\cdot\boldsymbol{r}\\ &= \frac{1}{3}\oint_{\Sigma} dS\hat{\boldsymbol{r}}\cdot\boldsymbol{r}\\ &= \frac{1}{3}\oint_{\Sigma} dS\,r\\ &= \frac{a}{3}\oint_{\Sigma} dS, \quad \text{da } r = a \text{ auf } \Sigma\\ &= \frac{4\pi a^3}{3}.\end{aligned}$$

Beispiel 11. Zeige, daß das Integral

$$\oint_{\Sigma} p\,dS,$$

genommen über der Oberfläche Σ eines Ellipsoids mit den Halbachsen a, b, c, gleich $4\pi abc$ ist. Dabei ist p die Länge der Senkrechten vom Mittelpunkt auf die Tangentialebene an einem Punkt von Ω.

Aus Abb. 45 ist klar: Wenn $\hat{\boldsymbol{n}}$ die Einheitsnormale an dem Punkt P von Ω ist, dann ist der Abstand AP vom Fußpunkt A der Senkrechten von dem Mittelpunkt O auf die Tangentialebene zu P gegeben durch die Formel

$$\overrightarrow{AP} = \boldsymbol{r} - p\hat{\boldsymbol{n}},$$

wobei $\boldsymbol{r}$ der Ortsvektor von P bezüglich O ist. Wenn wir auf beiden Seiten das innere Produkt mit $\hat{\boldsymbol{n}}$ nehmen, erhalten wir

$$0 = \hat{\boldsymbol{n}} \cdot \boldsymbol{r} - p,$$

d. h.

$$p = \hat{\boldsymbol{n}} \cdot \boldsymbol{r}.$$

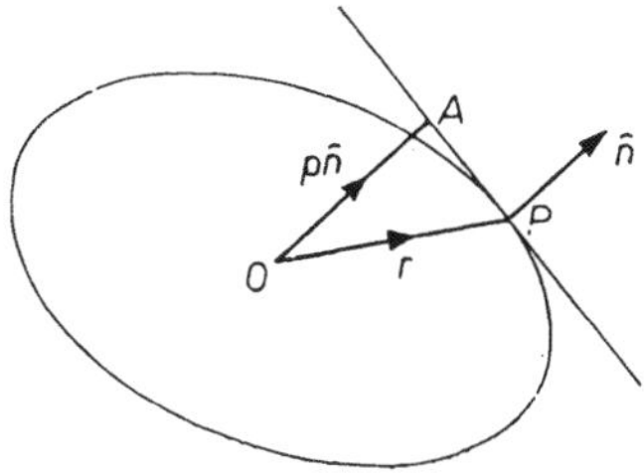

Abb. 45

Wir können nun das gegebene Integral wie folgt berechnen:

$$\begin{aligned}\oint_{\Sigma} p\,d\boldsymbol{S} &= \oint_{\Sigma} \boldsymbol{r} \cdot \hat{\boldsymbol{n}}\,dS \\ &= \oint_{\Sigma} d\boldsymbol{S} \cdot \boldsymbol{r} \\ &= \int_{\Omega} dV\,\nabla \cdot \boldsymbol{r} \\ &= 3 \int_{\Omega} dV \\ &= 4\pi a b c.\end{aligned}$$

Dabei haben wir berücksichtigt, daß das Volumen des Ellipsoids $\frac{4}{3}\pi a b c$ ist.

Beispiel 12. Zeige, daß

$$\int_{\Omega} dV \left\{ -\frac{1}{4\pi} \nabla^2 \left(\frac{1}{r} \right) \right\} = 0$$

gilt, vorausgesetzt, daß Ω den Punkt $r = 0$ nicht umschließt. Welchen Wert hat dieses Integral, wenn $\boldsymbol{r} = 0$ ein Punkt des Gebietes Ω ist?

Es folgt unmittelbar, daß das gegebene Integral verschwindet, wenn Ω den Ursprung nicht enthält, weil

$$\nabla^2\left(\frac{1}{r}\right) = 0, \quad r \neq 0,$$

gilt.

Wir wollen dann annehmen, daß Ω den Ursprung einschließt. Offenbar können wir Ω als eine Kugel $r \leqq \varepsilon$ behandeln, die den Ursprung umschließt, da die einzigen möglichen nichtverschwindenden Beiträge zu der betrachteten Summe an dem Ursprung auftreten, an dem $\nabla^2\left(\frac{1}{r}\right)$ nicht definiert ist.

Mit Hilfe des Satzes von Gauss ist

$$\int_\Omega dV\, \nabla^2\left(\frac{1}{r}\right) = \oint_\Sigma d\boldsymbol{S} \cdot \nabla\left(\frac{1}{r}\right),$$

wobei Σ die Oberfläche $r = \varepsilon$ ist. Es gilt also

$$\begin{aligned}\int_\Omega dV\, \nabla^2\left(\frac{1}{r}\right) &= \oint_\Sigma d\boldsymbol{S} \cdot \left(\frac{-\boldsymbol{r}}{r^3}\right)\\ &= -\oint_\Sigma d\boldsymbol{S} \cdot \frac{\boldsymbol{r}}{r}\left(\frac{1}{\varepsilon^2}\right)\\ &= -\frac{1}{\varepsilon^2}\oint_\Sigma dS\\ &= -4\pi.\end{aligned}$$

Wir erhalten also das Ergebnis

$$\int_\Omega dV\left\{-\frac{1}{4\pi}\nabla^2\left(\frac{1}{r}\right)\right\} = 1$$

unter der Annahme, daß Ω den Punkt $r = 0$ einschließt.

9.9. DIRACsche Delta-Funktion

Wir wollen eine Folge

$$f_n(\boldsymbol{r}), \quad n = 0, 1, 2, \ldots, \tag{71}$$

betrachten mit

$$\int_\Omega f_n(\boldsymbol{r})\, dV = 1, \quad n = 0, 1, 2, \ldots . \tag{72}$$

Wenn mit $n \to \infty$

$$f_n(\boldsymbol{r}) \to \begin{cases} 0, & \text{wenn } r \neq 0, \\ \infty, & \text{wenn } r = 0 \end{cases} \tag{73}$$

in so einer Weise gilt, daß (72) erhalten bleibt, dann ist die „Funktion"

$$\delta(\boldsymbol{r}) = \lim_{n\to\infty} f_n(\boldsymbol{r}) \tag{74}$$

die sogenannte DIRAC*sche Delta-Funktion*[1]).

So eine „Funktion" hat die Eigenschaft, daß für jedes geeignete Skalarfeld $f(\boldsymbol{r})$ das Integral

$$\int_\Omega f(\boldsymbol{r})\, \delta(\boldsymbol{r})\, dV \tag{75}$$

den Wert $f(\boldsymbol{0})$ hat, wenn Ω den Ursprung einschließt und sonst verschwindet.

Die letzte Feststellung folgt unmittelbar aus der Definition (74), da $\delta(\boldsymbol{r}) = 0, \boldsymbol{r} \neq \boldsymbol{0}$, ist. Man kann deshalb nur den Fall betrachten, bei dem Ω den Ursprung einschließt. Es ist offenbar hinreichend, Ω als eine Kugel mit dem Radius ε zu wählen, da $\delta(\boldsymbol{r}) = 0$ überall außer bei $\boldsymbol{r} = \boldsymbol{0}$ ist. Wenn ε hinreichend klein gewählt wird, dann ist $f(\boldsymbol{r})$ für geeignete $f(\boldsymbol{r})$ im wesentlichen konstant und

---

[1]) Einen elementaren Bericht über die Eigenschaften der DIRACschen Delta-Funktion findet man bei J. CUNNINGHAM, Complex Variable Methods in Science and Technology, Van Nostrand, 1965.

gleich $f(\boldsymbol{r})$. Diese Behauptung ergibt sich, da aus Gleichung (72) klar wird, daß

$$\int_\Omega f(\boldsymbol{r})\,\delta(\boldsymbol{r})\,dV = f(\boldsymbol{0})\int_\Omega \delta(\boldsymbol{r})\,dV \qquad (76)$$
$$= f(\boldsymbol{0})$$

gilt.

Eine mögliche Darstellung der DIRACschen Delta-Funktion wird von der „Funktion“

$$-\frac{1}{4\pi}\nabla^2\left(\frac{1}{r}\right) \qquad (77)$$

geliefert (Beispiel 12). Dazu betrachte man das Integral

$$\int_\Omega dV\left[f(\boldsymbol{r})\left\{-\frac{1}{4\pi}\nabla^2\left(\frac{1}{r}\right)\right\}\right], \qquad (78)$$

wobei $f(\boldsymbol{r})$ ein geeignetes, in Ω definiertes Skalarfeld ist. Da für $r \neq 0\ \nabla^2\left(\frac{1}{r}\right) = 0$ ist, folgt, wie in Beispiel 12, daß das Integral (78) verschwindet, wenn Ω den Ursprung nicht einschließt. Wir wollen dann annehmen, daß Ω den Ursprung enthält. Dann können wir wie oben Ω als eine Kugel vom Radius ε betrachten, die den Ursprung umschließt, da die Beiträge von Teilen von Ω außerhalb von $r = \varepsilon$ verschwinden. Wenn ε hinreichend klein gewählt wird, kann $f(\boldsymbol{r})$ für geeignete $f(\boldsymbol{r})$ als eine Konstante $f(\boldsymbol{0})$ betrachtet werden. Wir erhalten also

$$\int_\Omega dV\left[f(\boldsymbol{r})\left\{-\frac{1}{4\pi}\nabla^2\left(\frac{1}{r}\right)\right\}\right] = f(\boldsymbol{0})\int_\Omega dV\left\{-\frac{1}{4\pi}\nabla^2\left(\frac{1}{r}\right)\right\}$$
$$= f(\boldsymbol{0}), \qquad (79)$$

wobei wir das Ergebnis von Beispiel 12 benutzt haben.

Die DIRACsche Delta-Funktion wird sowohl in der klassischen als auch in der Quantenmechanik in starkem Maße angewendet[1]).

Beispiel 13. Die POISSON*sche Gleichung* in der Theorie des Elektromagnetismus ist

$$\nabla^2 \varphi = -\alpha \varrho. \tag{80}$$

Dabei sind φ das elektrostatische Potential und ϱ die räumliche Dichte der elektrischen Ladung, α ist eine Konstante. Wenn das Potential φ von einer einzigen elektrischen Ladung e bei $\boldsymbol{r} = \boldsymbol{0}$ herrührt, dann zeige, daß

$$\varphi = \frac{\alpha e}{4\pi r} \tag{81}$$

ist.

Wenn $\varrho(\boldsymbol{r})$ die Raumdichte der elektrischen Ladung ist, dann gibt

$$\int_\Omega p(\boldsymbol{r})\, dV \tag{82}$$

die gesamte elektrische Ladung, die in einem Volumen enthalten ist. Die Physik des gegebenen Problems besteht darin, daß das Integral (82) verschwindet, wenn der Ursprung nicht in Ω enthalten ist, und sonst den Wert e hat.

Es gilt also

$$\varrho(\boldsymbol{r}) = e\delta(\boldsymbol{r}), \tag{83}$$

und das gewünschte Potential genügt der Gleichung

$$\nabla^2 \varphi = \frac{\alpha e}{4\pi} \nabla^2 \left(\frac{1}{r}\right), \tag{84}$$

von der das gesuchte Resultat abgeleitet werden kann.

---

[1]) Siehe zum Beispiel R. A. NEWING und J. CUNNINGHAM, Quantum Mechanics, Oliver and Boyd, 1967.

9.10. Satz von GREEN

Wir betrachten die Vektorfelder $\boldsymbol{F}$ und $\boldsymbol{G}$, die die Form

$$\boldsymbol{F} = f \nabla g, \quad \boldsymbol{G} = g \nabla f \tag{85}$$

haben, wobei f und g Skalarfelder sind. Wir haben

$$\nabla \cdot \boldsymbol{F} = (\nabla f) \cdot (\nabla g) + f \nabla^2 g, \tag{86}$$

wobei in den Gliedern $(\nabla f) \cdot (\nabla g)$ die Klammern benutzt wurden, um auf das Skalarprodukt von (∇f) mit (∇g) hinzuweisen. In ähnlicher Weise haben wir

$$\nabla \cdot \boldsymbol{G} = (\nabla g) \cdot (\nabla f) + g \nabla^2 f. \tag{87}$$

Unter Benutzung des GAUSSschen Satzes erhalten wir in einer einleuchtenden Schreibweise

$$\int_{\Omega} dV\, (\nabla \cdot \boldsymbol{F}) = \oint_{\Sigma} d\boldsymbol{S} \cdot \boldsymbol{F} \tag{88}$$

und

$$\int_{\Omega} dV\, (\nabla \cdot \boldsymbol{G}) = \oint_{\Sigma} d\boldsymbol{S} \cdot \boldsymbol{G}. \tag{89}$$

Durch Subtraktion erhalten wir

$$\int_{\Omega} dV\, (f \nabla^2 g - g \nabla^2 f) = \oint_{\Sigma} d\boldsymbol{S} \cdot \{f \nabla g - g \nabla f\}. \tag{90}$$

Das Ergebnis (90) kann mit Hilfe der Normalableitungen als

$$\int_{\Omega} dV\, (f \nabla^2 g - g \nabla^2 f) = \oint_{\Sigma} dS \left\{f \frac{\partial g}{\partial n} - g \frac{\partial f}{\partial n}\right\} \tag{91}$$

geschrieben werden. Das Ergebnis (90) oder (91) wird manchmal als *Satz von* GREEN bezeichnet. Es ist oft angebracht, den Satz von GREEN in einer unsymmetrischen

Form zu schreiben, die zum Beispiel aus Gleichung (88) folgt

$$\int_{\Omega} dV \{(\nabla f)\cdot(\nabla g) + f\nabla^2 g\} = \oint_{\Sigma} d\boldsymbol{S}\cdot(f\nabla g)$$

$$= \oint_{\Sigma} dS f \frac{\partial g}{\partial n}. \qquad (92)$$

Beispiel 14. Eine Funktion, die die LAPLACE-*Gleichung* $\nabla^2\varphi = 0$ (Spezialfall der POISSONschen Gleichung, Beispiel 13) erfüllt, wird *harmonische Funktion* genannt. Wenn φ_1 und φ_2 zwei Funktionen sind, die in einem Gebiet Ω harmonisch sind und auf dem Rand Σ von Ω übereinstimmen, dann zeige, daß $\varphi_1 = \varphi_2$ überall in Ω ist.

Aus Gleichung (92) mit $f = g = \varphi_1 - \varphi_2$ folgt

$$\int_{\Omega} dV (\nabla f)^2 = \oint_{\Sigma} d\boldsymbol{S}\cdot f\nabla f$$

$$= 0,$$

da $f = 0$ auf Σ und $\nabla^2 f = 0$ in Ω ist.

Das Integral $\int_{\Omega} dV (\nabla f)^2$ ist der Grenzwert einer Summe von nichtnegativen Gliedern, so daß es nur dann verschwinden kann, wenn jedes Glied verschwindet. Es ist also $\nabla f = 0$ an jedem Punkt von Ω, und es folgt, daß $f = \varphi_1 - \varphi_2$ in Ω konstant ist. Es ist aber $f = 0$ auf dem Rand Σ von Ω, und es ist also $\varphi_1 = \varphi_2$ überall in Ω.

Übungen 9

1. Zeige, daß die Divergenz eines Vektorfeldes $\boldsymbol{F}$ an dem Punkt $\boldsymbol{r} = \boldsymbol{r}_0$ gegeben ist durch den Grenzwert

$$[\nabla\cdot\boldsymbol{F}]_{r=r_0} = \lim_{V\to 0}\frac{1}{V}\oint_{\Sigma}\boldsymbol{F}\cdot d\boldsymbol{S}, \qquad (93)$$

wobei Σ eine geschlossene Oberfläche ist, die einen Körper mit dem Volumen V einschließt, in diesem Körper liegt der Punkt $\boldsymbol{r} = \boldsymbol{r}_0$.

Zeige auch, daß

$$[\nabla \times \boldsymbol{F}]_{r=r_0} = \lim_{V\to 0} \frac{1}{V} \oint_{\Sigma} d\boldsymbol{S} \times \boldsymbol{F} \tag{94}$$

ist. (*Hinweis*: siehe Beispiel 6).

Bemerkung: Es ist klar, daß die Grenzwerte (93) und (94) unabhängig von irgendeinem speziellen Koordinatensystem sind. Die Grenzwerte (46), (93) und (94) als Definitionen von grad, div und rot bilden die Grundlage für ein anderes Verfahren der Vektorrechnung, das von einigen Autoren bevorzugt wird.

2. Benutze die Grenzwerte (46), (93) und (94) als Definitionen von grad, div und rot, um die Formeln von Aufgabe 20, Übungen 8, zu beweisen.

3. Zeige, daß $r^2\boldsymbol{r}$ ein konservatives Vektorfeld ist und suche ein Skalarfeld φ, für das

$$r^2\boldsymbol{r} = -\nabla\varphi$$

gilt.
(*Antwort*: $\varphi = -r^4/4$).

4. Ein Teilchen befindet sich an einem Punkt mit dem Ortsvektor $\boldsymbol{r}$ und bewegt sich unter dem Einfluß eines Kraftgesetzes, welches die Beschleunigung

$$\ddot{\boldsymbol{r}} = -\mu r^{-s-1}\boldsymbol{r}, \qquad s > 1,$$

verursacht, wobei μ eine Konstante ist. Zeige, daß das Kraftfeld konservativ ist und daß mit der Randbedingung $\varphi \to 0$ mit $|\boldsymbol{r}| \to \infty$ die potentielle Energie pro Masseneinheit

$$-\mu\,\{(s-1)\,r^{s-1}\}^{-1}$$

ist.

5. Die von einer Kraft $\boldsymbol{F}$ bei einer infinitesimalen Verschiebung $\delta \boldsymbol{r}$ geleistete Arbeit ist

$$(1) \qquad \frac{\delta x}{x} + \frac{\delta y}{y} + \frac{\delta z}{z},$$

$$(2) \qquad \cos x \, \delta x + \sin y \, \delta y + \delta z.$$

Zeige, daß in beiden Fällen $\boldsymbol{F}$ konservativ ist, und berechne die potentiellen Energien.

(*Antwort*: (1) $V = -\log xyz$, (2) $V = -\sin x + \cos y - z$)

6. Zeige, daß für jede geschlossene Kurve γ

$$\oint_\gamma \boldsymbol{a} \cdot d\boldsymbol{r} = 0, \qquad \oint_\gamma \boldsymbol{a} \times d\boldsymbol{r} = \boldsymbol{0}$$

gilt, wobei $\boldsymbol{a}$ ein konservativer Vektor ist.

7. Zeige, daß

$$\oint_\gamma \boldsymbol{r} \cdot d\boldsymbol{r} = 0$$

für jede geschlossene Kurve γ gilt.

8. Berechne das Integral

$$\tfrac{1}{2} \oint_\gamma \boldsymbol{r} \times d\boldsymbol{r},$$

wobei γ der Umfang des Dreiecks ist, dessen Eckpunkte (O, O, O), (O, a, O) und (a, b, O) sind, und beweise damit, daß der Wert des Integrals gleich der Fläche des Dreiecks ist.

9. Zeige, daß

$$\oint_\Sigma d\boldsymbol{S} = \boldsymbol{0}$$

für jede geschlossene Oberfläche Σ gilt.

10. Berechne

$$\int_{\Omega} \sqrt{(a^2 - r^2)}\, dV\,,$$

wobei a eine Konstante und Ω das kugelförmige Gebiet $r \leqq a$ sind.
(*Antwort*: $\pi^2 a^4/4$).

11. Zeige, daß für die Skalarfelder f und g

$$\oint_{\gamma} d\boldsymbol{r} \cdot f\nabla g = -\oint_{\gamma} d\boldsymbol{r} \cdot g\nabla f$$

für jede geschlossene Kurve γ gilt.

12. Zeige, daß für das Skalarfeld f und das Vektorfeld $\boldsymbol{F}$

$$\oint_{\Sigma} d\boldsymbol{S} \cdot \nabla \times \boldsymbol{F} \quad \text{und} \quad \oint_{\Sigma} d\boldsymbol{S} \times \nabla f$$

für jede geschlossene Oberfläche Σ verschwinden.

13. Zeige, daß das Volumen eines Körpers Ω, der durch die geschlossene Oberfläche Σ umrandet ist

$$\tfrac{1}{6} \oint_{\Sigma} d\boldsymbol{S} \cdot \nabla r^2$$

ist.

14. Ein Vektorfeld $\boldsymbol{F}$ wird *wirbelfrei* in einem Gebiet genannt, wenn für jede geschlossene Kurve γ in diesem Gebiet

$$\oint_{\gamma} \boldsymbol{F} \cdot d\boldsymbol{r} = 0$$

gilt.

Benutze den Satz von STOKES, um zu zeigen, daß im allgemeinen $\boldsymbol{F}$ dann und nur dann wirbelfrei ist, wenn

$$\nabla \times \boldsymbol{F} = 0$$

gilt.

Bemerkung: In der Flüssigkeitsmechanik ist die *Zirkulation* um eine geschlossene Bahn γ in der Flüssigkeit

$$\oint_\gamma \boldsymbol{v} \cdot d\boldsymbol{r},$$

wobei $\boldsymbol{v}$ das Geschwindigkeitsfeld ist. Wenn die Kurve γ auf einen einzigen Punkt zusammenschrumpft, dann kann die Kurve in dem Grenzwert als eben betrachtet werden. Es kann dann gezeigt werden, daß

$$\hat{\boldsymbol{n}} \cdot \nabla \times \boldsymbol{v} = \lim_{S \to 0} \frac{1}{S} \oint_\gamma \boldsymbol{v} \cdot d\boldsymbol{r}$$

gilt, wobei S die durch die Kurve γ eingeschlossene Fläche und $\hat{\boldsymbol{n}}$ die Richtung der positiv orientierten Normalen an dem betrachteten Punkt sind.

15. Ein Vektorfeld $\boldsymbol{F}$ wird *quellenfrei* in einem Gebiet genannt, wenn für jede geschlossene Fläche Σ in dem Gebiet

$$\oint_\gamma \boldsymbol{F} \cdot d\boldsymbol{S} = 0.$$

Benutze den GAUSSschen Satz um zu zeigen, daß im allgemeinen $\boldsymbol{F}$ dann und nur dann quellenfrei ist, wenn

$$\nabla \cdot \boldsymbol{F} = 0$$

gilt.

16. Zeige, daß für ein beliebiges quellenfreies Vektorfeld $\boldsymbol{F}$ im allgemeinen ein Vektorpotential $\boldsymbol{A}$ mit

$$\boldsymbol{F} = \nabla \times \boldsymbol{A}$$

existiert.

Ist $\boldsymbol{A}$ eindeutig?

(*Antwort*: nein; $\nabla \times (\boldsymbol{A} + \nabla f) = \nabla \times \boldsymbol{A}$ für ein beliebiges Skalarfeld f).

17. Zeige, vorausgesetzt, daß Lösungen φ und $\boldsymbol{A}$ der Vektorgleichungen

$$\nabla \cdot \boldsymbol{F} = \nabla^2 \varphi, \quad -\nabla \times \boldsymbol{F} = \nabla^2 \boldsymbol{A}$$

existieren, daß das Vektorfeld $\boldsymbol{F}$ in quellenfreie und wirbelfreie Teile zerlegt werden kann:

$$\boldsymbol{F} = \nabla \varphi + \nabla \times \boldsymbol{A}, \quad \nabla \cdot \boldsymbol{A} = 0.$$

Bemerkung: Das ist im wesentlichen der *Satz von* HELMHOLTZ, der in verschiedenen Zweigen der mathematischen Physik wichtig ist. Wenn $\boldsymbol{F}$ im Unendlichen hinreichend stark verschwindet, dann gilt

$$\varphi(\boldsymbol{r}') = -\frac{1}{4\pi} \int \frac{\nabla \cdot \boldsymbol{F}}{|\boldsymbol{r} - \boldsymbol{r}'|} \, dV,$$

$$\boldsymbol{A}(\boldsymbol{r}') = \frac{1}{4\pi} \int \frac{\nabla \times \boldsymbol{F}}{|\boldsymbol{r} - \boldsymbol{r}'|} \, dV.$$

Eine Verallgemeinerung dieses Satzes auf eine beliebige Anzahl von Dimensionen wurde von CHAMBERS [1]) erörtert.

18. Zeige, daß für ein beliebiges quellenfreies Feld $\boldsymbol{F}$

$$\int_{\Omega} \boldsymbol{F} \cdot \boldsymbol{r} \, dV = \tfrac{1}{2} \oint_{\Sigma} r^2 \boldsymbol{F} \cdot d\boldsymbol{S}$$

gilt, wobei Σ die geschlossene Oberfläche ist, die den Körper Ω umhüllt.

---

[1]) Ll. G. CHAMBERS, The Matrix and Tensor Quarterly, Vol. 17, Nr. 3, 1967, S. 91

19. Wenn Σ eine beliebige geschlossene Fläche ist, die ein Volumen Ω umschließt, dann zeige, daß

$$(1) \quad \int_{\Omega} r^m \, dV = \frac{1}{m+3} \oint_{\Sigma} r^m \boldsymbol{r} \cdot d\boldsymbol{S}, \quad m \neq -3$$

$$= \oint_{\Sigma} r^{-3} (\log r) \, \boldsymbol{r} \cdot d\boldsymbol{S}, \quad m = -3,$$

$$(2) \quad \int_{\Omega} r^{m-1} \boldsymbol{r} \, dV = \frac{1}{m+1} \oint_{\Sigma} r^{m+1} \, d\boldsymbol{S}, \quad m \neq -1$$

$$= \oint_{\Sigma} (\log r) \, d\boldsymbol{S}, \quad m = -1$$

gilt.

20. Zeige, daß das Volumen eines Kegels mit der Höhe h gleich $Ah/3$ ist, wobei A die Fläche der Basis ist.

21. Zeige, daß das Integral

$$\oint_{\Sigma} \frac{1}{p} \, dS,$$

genommen über die Oberfläche eines Ellipsoids mit den Halbachsen a, b, c,

$$\frac{4}{3} \pi abc \left(\frac{1}{a^2} + \frac{1}{b^2} + \frac{1}{c^2} \right)$$

ist, wobei P die Länge der Senkrechten ist, die vom Mittelpunkt auf die Tangentialebene an einen Punkt von Ω gezogen wird.

22. Wenn φ_1 und φ_2 Skalarfelder sind, die in einem Volumen Ω harmonisch sind und deren Normalableitungen

$$\frac{\partial \varphi_1}{\partial n} \quad \text{und} \quad \frac{\partial \varphi_2}{\partial n}.$$

auf dem Rand von Ω übereinstimmen, dann zeige, daß sich φ_1 und φ_2 in Ω um eine Konstante unterscheiden.

Sachverzeichnis

Abteilung 30
Apside 87
Apsidenlinie 87
Arbeit 43

BELTRAMI-Feld 162
Beschleunigungsvektor 32
Bezugssystem 8
Binormaleneinheitsvektor 91
bipolare Koordinaten 161

Deformation, homogene 124
—, reine 124
Deltasymbol, KRONECKERsches 47
Dilatationskoeffizient 134
Divergenz eines Vektorfeldes 148
Dreibein von gegenseitig orthogonalen Einheitsvektoren 24
Dreifachprodukt 69

Eigenvektoren des Tensors 125
Eigenwerte 125
elliptische Zylinderkoordinaten 161
Energie, kinetische 174
—, potentielle 175
EULER, Satz von 97

freie Vektoren 11
Funktion, harmonische 201

Ganghöhe 101
GAUSS, Satz von 196
Geschwindigkeitsvektor 31
Gesetz, HOOKEsches 177
Gleichung der Normalebene 90
— der Schmiegeebene 93
—, POISSONsche 199
Gradientenoperator 145
— in Kugelkoordinaten 146
— in Zylinderkoordinaten 160

harmonische Funktion 201
Hauptdehnungen 131
Hauptnormaleinheitsvektor 90
Hauptrichtungen 131
HELMHOLTZ, Satz von 206
homogene Deformation 124
HOOKEsches Gesetz 177
hydrostatische Kompression 136

Impuls des Teilchens 34
Integration 30
isotroper Tensor 53

kinetische Energie 174
Komponente des Verzerrungstensors 124
Komponentenvektoren 23
Kompression, hydrostatische 136
konjugierte Quaternion 110
Kontinuitätsgleichung 148

Koordinaten, bipolare 161
—, krummlinige 143
—, orthogonale krummlinige 144
Koordinatenflächen 143
Koordinatenkurve 143
Kraftmoment 56
KRONECKERsches Deltasymbol 47
krummlinige Koordinaten 143

LAPLACE-Gleichung 201
— -Operator 155
Leistung 174
lokalisierte Vektoren 11

Matrix 52
—, transponierte 52
Mittelpunkt 20
Moment der Kraft 56

Niveauflächen 136
Nullquaternion 111

orthogonale krummlinige Koordinaten 144

parabolische Zylinderkoordinaten 161
POINSOTsche Zentralachse 101
POISSONsche Gleichung 199
potentielle Energie 175
Produktregel 142

Quaternion 110
—, konjugierte 110
—, reziproke 110
— Quaterniondivision 111

reine Deformation 124
— Rotation 124
— Scherung 134
reziproke Quaternion 110
Richtungsabteilung 137
Rotation eines Vektorfeldes 151
—, reine 124

Satz von der Erhaltung der Energie 175
— von EULER 97
— von GAUSS 196
— von HELMHOLTZ 206
— von STOKES 186, 204
Scherung, reine 134
Schmiegeebene 92
Schraubenverschiebung 101
Skalarfeld 136
STOKES, Satz von 186, 204
Summenkonvention 48

Tangenteneinheitsvektor 89
Tangentengleichung 89
Teilchenimpuls 34
Tensor dritter Stufe 72
—, isotroper 53
—, n-ter Stufe 53
Torsion 92
transponierte Matrix 52
Triade 8
— von Vektoren 144
Tripelprodukte 64

Vektor 8
—en, freie 11
—, lokalisierte 11
Vektorgröße 7, 8
Vektorquaternion 111
Verschiebung 7
Verzerrung 118

Windung 92

Zentralachse, POINSOTsche 101
Zirkulation 205
Zylinderkoordinaten, elliptische 161
—, parabolische 161

Der Autor

- stellt sich in dem Buch das Ziel, einen vollständigen Lehrgang der Vektoralgebra und Vektoranalysis zu geben

- behandelt nicht nur die mathematische Theorie, sondern gibt auch Hinweise auf ihre Bedeutung bei physikalischen Problemen

- bringt zahlreiche Anwendungsbeispiele für die Vektormethoden

- wendet sich an Studenten der Mathematik und anderer naturwissenschaftlicher Fächer

FSC
www.fsc.org
MIX
Papier | Fördert
gute Waldnutzung
FSC® C083411

Kolibri 360 GmbH
Ferdinand-Jühlke-Straße 7
99095 Erfurt, Deutschland
produktsicherheit@kolibri360.de